JN301848

初歩の微分方程式と力学

Elementary Differential Equations and Mechanics

渡辺 一実・上田　整
共　著

養 賢 堂

はじめに

　微分方程式を解くのは大変面白い．様々な物理現象は未知の物理量に関する微分方程式として記述される．微分方程式を解き，所望の物理量が時間や位置によって変化する様相を知り，「なるほど，こうなるのか」と感嘆の声を上げることほど楽しいことはない．まさしく，知る喜びである．しかも，微分方程式の解法には様々な工夫が凝らされており，「上手く考えたものだ」と先達の知恵に敬服させられるが，少なからず「俺だって何か考えてやろう」と意欲が湧いてくる．微分方程式の解法に決まったものはなく，要は解を見つけさえすればよい．しかも，その数学技術は高校レベルの微積分能力さえあれば，誰でも微分方程式を解くゲームに参加することができる．これが微分方程式の大きな魅力でもある．

　微分方程式の解法には，先達の英知が凝縮されている．しかし，厳密に解くことができる微分方程式はわずかしかない．A.D. Polyanim & V. F. Zaitsev, "Exact Solutions for Ordinary Differential Equations," CRC Press (1995) に約 2000 の解がまとめられているが，大多数は基本的な解の変数変換から導かれるようなもので，本質的には約 500 というのがいいところであろう．したがって，この 2000 にプラス・ワンできれば，世界の英知に一歩近づいたことなり，これに勝る喜びはない．

　本来，微積分学はニュートン力学から発したものである．機械工学や土木・建築工学は力学の応用分野である．このため，微積分の活用は工学を学ぶには必要不可欠である．そして，微積分学の最初の到達点が微分方程式である．また，微分方程式は力学に限らず，社会科学や心理学，情報伝達など様々な分野で応用されている．しかしながら，紙と鉛筆で解ける微分方程式は限られており，工学的応用を目指した結果を得るためには，数値解法に頼らざるを得ない．この数値解法に威力を発揮したのがコンピュータシミュレーション技術である．しかし，微分方程式を紙と鉛筆だけで解析的に解ければ，得られた解から物理や現象の本質を抽出することが可能となる．コンピュータシミュレーションや実験では，到底これに勝ることはできない．ここに微分方程式を学び，それを応用して現象を観察する意義がある．

　本書は，工学系大学生の初年度教育の教材として利用されることを念頭に置いており，微分方程式とその力学解析への応用が主眼である．ほんの少しの微分方程式（工学系学生にとって必須）の解法を解説したのち，高校物理（力学）の例題を取り上げて微分方

程式の観点から力学解析を完全に行うことを試みた．そして，数学と力学は相互に密接な関係にあることが理解されるのを期待している．本書中の様々な例題はすべて物理則，特にニュートンの運動則を適用して微分方程式を導出し，それを解いて所望の物理量の様相を知るようになっている．ここで，ぜひ気がついていただきたいのは，微分方程式を解くということは目標達成のための"過程に過ぎない"ことである．しかし，微分方程式が解けなければ何もできないのである．

　本書の第4章以降は，すべて力学からの例題である．読者は自らの手と鉛筆ですべての式計算を行っていただき，読者自身が解いた実感を得ていただきたい．本書の繰り返えされた数式表示と計算過程の詳細はそのためにある．また可能ならば，MathematicaやGnuplotなどのソフトを使って，自らが得た結果をグラフに表して欲しい．次には，「では，こうしたらどうなるのか？」と，新しい疑問を生じさせて自ら問題を設定し，解いてみていただきたい．そうすれば，「なるほど，このようになるのか」という納得が心から得られ，理解が深まること間違いなしである．

　終わりに本書の刊行に当たりご尽力ならびに種々アドバイスを頂戴した（株）養賢堂三浦信幸専務に深く謝意を表します．

平成21年9月5日

渡辺一実・上田　整

目　次

第1章　数学のおさらいと微分方程式
　　　　　　　　　　　…… 1
1.1　関数とその微積分 … 1
1.2　微分記号 … 2
1.3　オイラーの公式 … 3
1.4　変数のオイラー表示 … 4
1.5　双曲線関数 … 5
1.6　級数展開 … 6
　　(1)　べき級数 … 6
　　(2)　フーリエ級数 … 8
1.7　微小変化 … 12
1.8　いろいろな"方程式" … 13
1.9　微分方程式の名称 … 14

第2章　基礎微分方程式の解法 …… 16
2.1　単純積分 … 16
2.2　1階微分方程式 … 17
　　(1)　定数係数の微分方程式 … 17
　　(2)　変数係数の微分方程式 … 18
2.3　2階微分方程式 … 21
　　(1)　定数係数の微分方程式 … 21
　　　(a)　減衰振動の解 … 22
　　　(b)　固有値が重根の場合 … 23
　　　(c)　単振動の解 … 24
　　(2)　変数係数の微分方程式 … 27
2.4　非斉次微分方程式の特解 … 29
　　(1)　斉次解と特解 … 29
　　(2)　2階微分方程式の特解 … 30

　　例2.1 … 33
　　例2.2 … 34
　　(3)　直感による特解の求め方 … 36

第3章　速度・加速度と微分 …… 38
3.1　直線運動 … 38
3.2　円運動 … 39
3.3　微分の呼称 … 40
3.4　ニュートンの運動則 … 41
3.5　回転運動の運動方程式 … 42
3.6　様々な物理則の要約 … 44

第4章　落下運動 …… 48
4.1　落下の微分方程式 … 48
4.2　自由落下 … 50
　　(1)　速度と落下距離との関係 … 51
　　(2)　エネルギー … 51
4.3　初速度のある落下運動 … 52
　　(1)　下向き初速度 … 52
　　(2)　上向き初速度 … 53

第5章　垂直上昇運動 …… 56
5.1　投げ上げ初速度 … 57
　　(1)　エネルギーバランス … 58
5.2　推進力 … 59
　　(1)　無次元化とグラフ … 62
　　(2)　推進力のエネルギー … 65
　　(3)　エネルギーバランス … 66

第6章　空気抵抗を受ける落下運動
　　　　　　　　　　　　　…… 68

6.1　速度に比例する空気抵抗力 … 68
　　（1）落下距離 … 71
　　（2）エネルギーバランス … 72

6.2　速度の2乗に比例する空気抵抗力 … 74
　　（1）無次元化 … 79
　　（2）空気抵抗則による落下速度の相違 … 79
　　（3）空気抵抗による損失エネルギー … 80
　　（4）エネルギーバランス … 81

第7章　吊り下げバネによる振動
　　　　　　　　　　　　　…… 82

7.1　自由振動 … 82
　　（1）初期変位 … 84
　　　（a）エネルギーバランス … 85
　　（2）初期速度 … 87
　　　（a）エネルギーバランス … 87

7.2　強制振動 … 89
　　（1）無次元化 … 92
　　（2）共振 … 94

第8章　水平運動 …… 97

8.1　初速度による運動 … 97
8.2　推進力による運動 … 98
　　（1）力積と運動量 … 100
　　（2）推進力のエネルギー … 101
8.3　摩擦抵抗のある床上の運動 … 101
　　（1）無次元化 … 103
　　（2）エネルギーバランス … 104

第9章　水平振動 …… 107

9.1　自由振動 … 107
9.2　空気抵抗を受ける水平振動 … 109
　　（1）無次元化と応答のグラフ … 111
　　（2）空気抵抗による損失エネルギー … 113
9.3　摩擦抵抗を受ける往復運動 … 117

第10章　斜面上の運動 …… 120

10.1　滑落 … 120
10.2　放射 … 122
　　（1）上昇運動 … 122
　　（2）下降運動 … 123

第11章　振り子の運動 …… 125

11.1　初期振れ角 … 127
　　（1）エネルギーバランス … 128
11.2　初速度 … 128
11.3　回転運動の微分方程式 … 129

第12章　放物運動 …… 131

12.1　斜め放射 … 132
　　（1）エネルギーバランス … 134
12.2　台上からの放射 … 135
　　（1）エネルギーバランス … 136

第13章　タンク底からの水の流出
　　　　　　　　　　　　　…… 138

13.1　円筒タンク … 138
13.2　逆円錐タンク … 143
13.3　球形タンク … 146

第14章　棒中の熱伝導 …… 151

14.1　半無限棒 … 154

14.2　有限棒 … 155

第15章　ロープやベルトの張力変化 …… 158

15.1　負荷端の条件 … 161

15.2　支持端の条件 … 161

問題の解答 … 163

索　　引 … 175

おわりに … 178

第1章 数学のおさらいと微分方程式

1.1 関数とその微積分

中学，高校の 6 年間で私たちはいくつかの数学関数（初等関数）を習った．それらをまとめると，表 1.1 のようになる．

表 1.1 初等関数

名　　称	変数を x とした場合の表現
べき乗関数	$f(x) = x^p$：べき乗パラメータ p は整数，実数，複素数
三角関数	$f(x) = \sin(x), \quad \cos(x), \quad \tan(x)$
対数関数	$f(x) = \log_e(x) = \log(x) = \ln(x)$
指数関数	$f(x) = e^x = \exp(x)$

なお，指数関数と対数関数の間には $\log(e^x) = x$，$e^{\log(x)} = x$ の関係がある．

数学がいかに発展してもこれ以外の関数は存在しない．高校から大学に上がり，さらに進んだ数学を学ぶつもりであったかもしれないが，もうこれ以上の関数は存在しない．大学では，この 4 種の関数を様々に組み合わせた関数を学ぶに過ぎない（ただし，微積分操作も加えて）．驚くことに，われわれはこのわずか 4 種の関数を組み合わせて全世界・全宇宙のすべての現象を表現しようとしているのである．

なお，ここに列挙した初等関数の振舞い（挙動）は物理現象の様相を表すことになるので，それぞれの関数がどのように変化しているのか，ぜひ，各自が確認をしておいていただきたい．

これら初等関数の微分・積分公式は既に高校数学で学んだとおりであり，表 1.2 のようになっている．

表 1.2 初等関数の微積分

名称	微分 $f'(x) = \dfrac{df(x)}{dx}$	$f(x)$	積分 $\int f(x)dx$
べき乗関数	px^{p-1}	x^p	$\dfrac{1}{p+1}x^{p+1} : p \neq -1$ $\log(x) : p = -1$
三角関数	$a\cos(ax)$	$\sin(ax)$	$-\dfrac{1}{a}\cos(ax)$
	$-a\sin(ax)$	$\cos(ax)$	$\dfrac{1}{a}\sin(ax)$
	$\dfrac{a}{\cos^2(ax)}$	$\tan(ax)$	$-\dfrac{1}{a}\log\{\cos(ax)\}$
対数関数	$\dfrac{1}{x}$	$\log(ax)$	$x\{\log(ax)-1\}$
指数関数	ae^{ax}	e^{ax}	$\dfrac{1}{a}e^{ax}$
a, p：任意定数			

1.2 微分記号

様々な現象（物理に限らず，経済，社会，心理現象などのすべて）は，時間や場所によって変化する．ある現象 f が場所（位置）によって変化すれば，位置を x 座標値として現象 f は場所の関数 $f(x)$ となる．そして，位置に関する微分ではいくつかの微分記号を用いる．例えば，以下のような記法がある．

$$\frac{df(x)}{dx} = \frac{df}{dx} = f'(x) = f_{,x} = f_x \tag{1.1}$$

また，現象 f が時間 t によって変化する場合には，現象 f は時間 t の関数 $f(t)$ となる．この微分には，以下のような記法が用いられている．

$$\frac{df(t)}{dt} = \frac{df}{dt} = f'(t) = \dot{f} = f_{,t} = f_t \tag{1.2}$$

式(1.1)と式(1.2)を見くらべれば，時間に関する微分のみ，上ドット（・）を用いることがあるということである．このように微分の表記方法が異なるのは，沢山字を書くと手が痛くなるので，なるべく手を使わないで楽に微分記号を書きたいために考えられた．したがって，記法が異なっても気にしないように！「ははぁーん，この人はこの記法が好きなんだ！」というように理解しよう．

1.3 オイラーの公式

指数関数の変数が純虚数の場合，この指数関数の値は複素数となり，実部と虚部が三角関数として表される．すなわち，純虚数を $\pm i\theta$ とすれば，

$$e^{+i\theta} = \exp(+i\theta) = \cos\theta + i\sin\theta, \quad e^{-i\theta} = \exp(-i\theta) = \cos\theta - i\sin\theta \tag{1.3}$$

である．これが「**オイラーの公式**」（または，ド・モアブルの公式）と呼ばれている（証明は微積分のテーラー展開を適用して行えるが，ここでは省略する）．指数関数の変数が複素数である $z = x \pm iy$ の場合には，実変数を持つ指数関数と三角関数との積となる．

$$e^{x \pm iy} = \exp(x \pm iy) = \exp(x)\exp(\pm iy) = e^x(\cos y \pm i\sin y) \tag{1.4}$$

この関数は振動しながら振幅が増大（$x > 0$），減少（$x < 0$）する現象を表現することができる．

オイラーの公式を用いて，三角関数を表現できる．式(1.3)の2式に加減の計算を行うと，

$$\cos\theta = +\frac{1}{2}\left(e^{+i\theta} + e^{-i\theta}\right), \quad \sin\theta = -\frac{i}{2}\left(e^{+i\theta} - e^{-i\theta}\right) \tag{1.5}$$

となる．さらに，これを用いてタンジェント関数も次式のように表される．

$$\tan\theta = \frac{\sin\theta}{\cos\theta} = -i\frac{e^{+i\theta} - e^{-i\theta}}{e^{+i\theta} + e^{-i\theta}} = -i\frac{1 - e^{-2i\theta}}{1 + e^{-2i\theta}} \tag{1.6}$$

このように，三角関数は純虚数を変数に持つ指数関数の組合せとして表現することができ，指数関数と三角関数とは関連していることになる．さらに，表 1.1 下の指数関数と対数関数との関係を使えば，指数関数，三角関数，および対数関数の3種の関数は関連した関数のグループということになる．

1.4 変数のオイラー表示

高校までは，対数関数の変数は常に"正"であると限定して絶対値を使い，

$$\log|x| \tag{1.7}$$

と表すことが多かった．したがって，対数関数には"負"の変数値を使うことはできなかった．しかし，オイラーの公式を用いて，負の変数値を表すならば，その対数を取ることができる．例えば $x = -a\,(a>0)$ の場合，これを複素面で考えれば，図 1.1 のように偏角 $\theta = +\pi$ を持つ複素数 $x = ae^{i\pi}$，もしくは偏角 $\theta = -\pi$ を持つ $x = ae^{-i\pi}$ に表すことができるので，その対数は

$$\log(x) = \log(ae^{\pm i\pi}) \tag{1.8}$$

となる．そして，対数の性質を利用して分解すると，

$$\log(ae^{\pm i\pi}) = \log(a) + \log(e^{\pm i\pi}) = \log(a) \pm i\pi \tag{1.9}$$

となり，負の値の対数は虚数部の符号が異なる2種の複素数

$$\log(-a) = \log(a) \pm i\pi \tag{1.10}$$

となる（実は，偏角の取り方は無限にあるので，対数の値も無限個存在するが，これは将来学習する"複素関数論"までお預け！）．

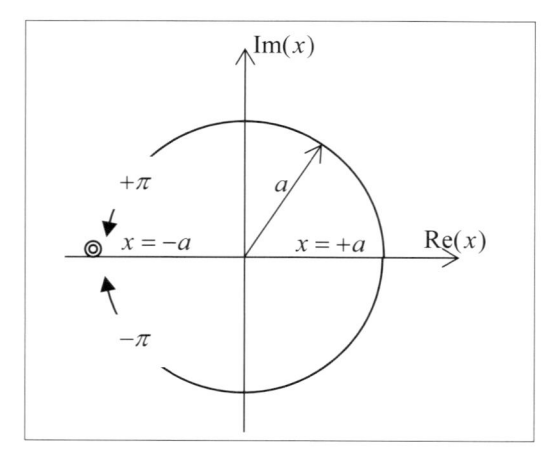

図 1.1 異なる偏角の負値

まずは，負値の対数を取ることができた．しかし，虚数部が正負の2種となり，どちらの符号を取るかが新しい問題となった．この問題は，偏角 θ を左回りに取るか，右回

りに取るかで異なった符合になるのだから，偏角の回転方向を指定すればよいことになる．この選択は対数関数が表す物理現象に応じて決定される．ここでは，負値の対数が常に取れるので，対数関数の変数にはよほどのことがない限り，絶対値を付けないのが大学数学のやり方であることを知って欲しい．これは，複素変数を念頭に置いているからである．

問題 [1.1]
(1) 複素数 $e^{\pi i/6}$ の実部と虚部を求めよ．
(2) 複素数 $z = e^{\pi i/3}$, $e^{(2+1/3)\pi i}$, $e^{(4+1/3)\pi i}$ を複素面内の単位円上に記せ．
(3) 上記 $z = e^{\pi i/3}$, $e^{(2+1/3)\pi i}$, $e^{(4+1/3)\pi i}$ を変数とする関数値 $f(z) = z^{1/2}$ を求めよ．

1.5　双曲線関数

オイラーの公式から，三角関数が純虚数を変数に持つ指数関数として表された．そこで，実数変数を持つ指数関数で新しい関数を定義する．これが「**双曲線関数(hyperbolic function)**」である．その定義は，

$$\cosh(x) = \frac{1}{2}\left(e^{+x} + e^{-x}\right), \quad \sinh(x) = \frac{1}{2}\left(e^{+x} - e^{-x}\right), \quad \tanh(x) = \frac{e^{+x} - e^{-x}}{e^{+x} + e^{-x}} \tag{1.11}$$

である．
ところが，この双曲線関数の変数を純虚数にすると三角関数となる．

$$\cosh(ix) = \frac{1}{2}\left(e^{+ix} + e^{-ix}\right) = \cos(x), \quad \sinh(ix) = \frac{1}{2}\left(e^{+ix} - e^{-ix}\right) = i\sin(x), \quad \tanh(ix) = \frac{\sinh(ix)}{\cosh(ix)} = i\tan(x)$$

$$\tag{1.12}$$

すなわち，指数関数を媒介にして，双曲線関数と三角関数とが結び付けられていることになる．図1.2に双曲線関数の変化を示す．$\tanh(x)$ は単調に変化し，その極限値が±1 なので10倍したものを示している．$\cosh(x)$ は偶関数，$\sinh(x)$ は奇関数であり，ともに変数の増大につれて指数関数的に無限大に近づく．

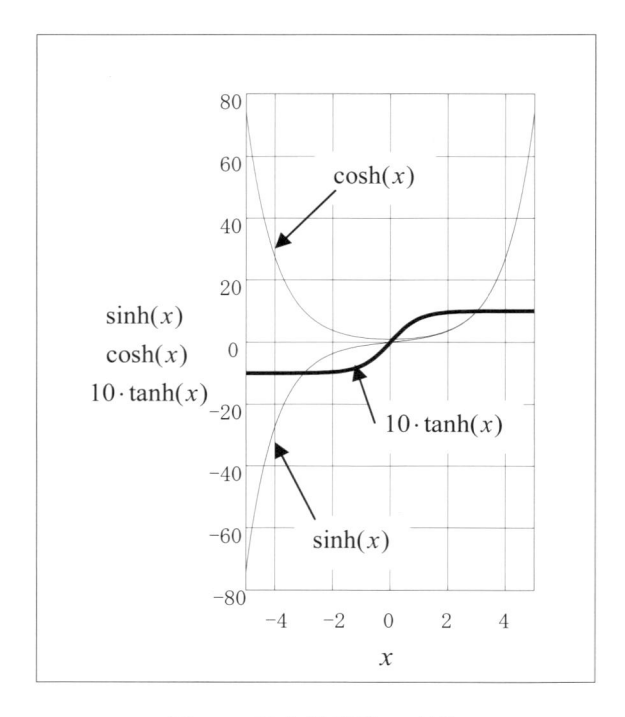

図 1.2 双曲線関数の変化

1.6 級数展開

既に具体的な関数の形がわかっている関数をさらに級数の形に表し直す（これを級数展開と呼ぶ）と，関数の近似的振舞いを知り，物理現象の大まかな様相を理解することができる．本節では，**(1)べき級数**と**(2)フーリエ級数**について簡単に説明を行う．

(1) べき級数

まず，例として指数関数 e^x を取り上げる．指数関数は，これ自身で電卓でも計算できるので，別表現に直さなくてもいいのだが，あえて，べき級数の形に表し直すことを考える．そこで，指数関数が変数 x のべき級数として表されるものとする．

$$f(x) = e^x = a_0 + a_1 x + a_2 x^2 + a_3 x^3 + \ldots + a_n x^n + \ldots \tag{1.13}$$

すると，右辺各項の係数 a_n，$n = 0, 1, 2, \ldots$ をどうやって決めるか？ということが問題になる．そのために式(1.13)の右辺をよく見ると，x がゼロならば右辺は a_0 のみとなる．すると，左辺はわかっている関数だから，$x = 0$ の値を代入すれば，最初の係数 a_0 が決まる．すなわち，次式となる．

$$f(0) = e^{x=0} = 1 = a_0 \quad \Rightarrow \quad a_0 = 1 \tag{1.14}$$

では，次にa_1を決めるためにはどうしたらいいのだろうか？ a_0を決める場合には右辺の他の項にはxのべきが含まれており，都合よく$x=0$で消滅してくれたので，a_0の項だけが残った．そうすると，$x=0$で求めたい係数の項だけが残ると，その係数を決めることが可能になる．じゃ，求めたい係数の項だけが残る方法はないのか？ 式(1.13)をよくよく眺め，「a_1の項だけが残る方法はないのか？」と考える．そこで，xのべき乗関数は微分するとその次数が一つ下がることに気がつく．そうであれば，式(1.13)の両辺を変数xで1階微分してみると，

$$f'(x) = e^x = a_1 + 2a_2 x + 3a_3 x^2 + ... + na_n x^{n-1} + ... \tag{1.15}$$

となる．右辺の係数a_1の項にはxのべきがなくなったので，$x=0$ではこのa_1だけが残ることになる．そして，式(1.15)の両辺に$x=0$を代入すると，係数a_1が決まる．

$$f'(0) = e^0 = a_1 \quad \Rightarrow \quad a_1 = 1 \tag{1.16}$$

これで，係数a_1が決まるなら，式(1.15)をもう一度微分して，次式とする．

$$f''(x) = e^x = 2a_2 + 3 \cdot 2 a_3 x + ... + n(n-1)a_n x^{n-2} + ... \tag{1.17}$$

そして，$x=0$を代入すれば，係数a_2も決めることができる．

$$f''(0) = e^0 = 2a_2 \quad \Rightarrow \quad a_2 = \frac{1}{2} \tag{1.18}$$

このような手順を順次繰り返せば，n乗の項はn階微分すれば定数項

$$f^{(n)}(x) = e^x = n(n-1)(n-2)......2 \cdot a_n + ... \tag{1.19}$$

となるから，係数a_nが決められる．

$$f^{(n)}(0) = e^0 = 1 = n(n-1)(n-2)......2 \cdot a_n \quad \Rightarrow \quad a_n = \frac{1}{n(n-1)(n-2)......2} = \frac{1}{n!} \tag{1.20}$$

したがって，指数関数のべき級数展開は

$$f(x) = e^x = 1 + \frac{1}{1}x + \frac{1}{2 \cdot 1}x^2 + \frac{1}{3 \cdot 2 \cdot 1}x^3 + ... + \frac{1}{n!}x^n + ... \tag{1.21}$$

となる（上式中の分母に×1を加えているのは階乗$n!$の表現にするためであり，×1はあっても，なくても同じ！）．

以上の検討から，任意関数（既知）$f(x)$を変数xのべき級数に展開すれば，

$$f(x) = a_0 + a_1 x + a_2 x^2 + a_3 x^3 + ... + a_n x^n + ... \tag{1.22}$$

となり，係数a_nは次式で決められることになる．

$$a_n = \frac{1}{n!} f^{(n)}(0) \tag{1.23}$$

式(1.22)のように変数 x のべき級数に展開したことは,既知関数 $f(x)$ の $x=0$ 近傍の様子を求めたことになる.$|x| \ll 1$ ならば,べき級数の最初の 2 ～ 3 項で関数が近似できることになるから,関数の $x=0$ 近傍での近似式が得られる.

$$f(x) \approx f(0) + f'(0)x + \frac{1}{2!} f''(0) x^2, \quad |x| \ll 1 \tag{1.24}$$

前述のべき級数展開式(1.22)は $x=0$ の点を中心とした展開であった.これに対して,任意点 $x=\alpha$ を中心としたべき級数展開を考えてみよう.展開すべき既知関数を $f(x)$ として,この関数を $(x-\alpha)$ のべき級数と仮定する.

$$f(x) = a_0 + a_1(x-\alpha) + a_2(x-\alpha)^2 + a_3(x-\alpha)^3 + \cdots + a_n(x-\alpha)^n + \cdots \tag{1.25}$$

そして,前述と同じように順次微分して変数 $x=\alpha$ を代入すると,係数 a_n は

$$a_n = \frac{1}{n!} f^{(n)}(\alpha) \tag{1.26}$$

となり,具体的な展開式は

$$f(x) = f(\alpha) + f'(\alpha)(x-\alpha) + \frac{1}{2!} f''(\alpha)(x-\alpha)^2 + \frac{1}{3!} f^{(3)}(\alpha)(x-\alpha)^3 + \cdots + \frac{1}{n!} f^{(n)}(\alpha)(x-\alpha)^n + \cdots \tag{1.27}$$

となる.これが,一般的に呼ばれる「**テーラー展開**」である.

このような級数への展開で一番気になるのは,展開した級数が収束するかどうか? である.収束の吟味が伴わなければ,数学的には正しい扱いにはならないことは記憶に留めておいていただきたい.

(2) フーリエ級数

いま,既知の関数を $f(x)$ とする.そして,この関数がオイラー表示の複素三角関数の"べき"として展開されるものとする.複素三角関数は純虚数を変数に持つ指数関数で表されるから,e^{ix} のべきに展開することを意味する.すなわち,

$$\begin{aligned} f(x) &= c_0 + c_1 \left(e^{ix}\right)^1 + c_2 \left(e^{ix}\right)^2 + c_3 \left(e^{ix}\right)^3 + \cdots + c_n \left(e^{ix}\right)^n + \cdots \\ &= c_0 + c_1 e^{ix} + c_2 e^{2ix} + c_3 e^{3ix} + \cdots + c_n e^{nix} + \cdots \end{aligned} \tag{1.28}$$

と仮定して,係数 c_n を決める方法を考える.

前項(1)のべき級数展開とは異なり，式(1.28)の展開では，"べき"とはいうものの指数関数のべきであるから，何回微分しても係数のみの項とはならない．しかも，$x=0$を代入しても右辺がc_0の項のみともならない．「**微分してもダメなら，積分することで方法がないか？**」考えてみる．すると，純虚数の変数に整数mの係数を持つ指数関数の積分には，こんな特性があるのに気がつく．

$$\int_{-\pi}^{+\pi} e^{imx} dx = \frac{1}{im}\left[e^{imx}\right]_{x=-\pi}^{x=+\pi} = \frac{1}{im}\left[e^{im\pi} - e^{-im\pi}\right] = 2\pi\frac{\sin(m\pi)}{m\pi} = \begin{cases} 0; & m \neq 0 \\ 2\pi; & m = 0 \end{cases} \quad (1.29)$$

すなわち，指数部の係数mがゼロ（$m=0$）にならない限り，積分値はゼロである．この積分公式を使って係数c_nを決めることを考える．

式(1.28)の両辺をそのまま$-\pi$から$+\pi$まで積分する．

$$\int_{-\pi}^{+\pi}\left[f(x) = c_0 + c_1 e^{ix} + c_2 e^{2ix} + c_3 e^{3ix} + \ldots + c_n e^{nix} + \ldots\right]dx \quad (1.30)$$

上式右辺の第2項以降は積分公式(1.29)により積分値はゼロになるから，初項の係数c_0が既知関数の積分値として決定される．

$$\int_{-\pi}^{+\pi} f(x)dx = c_0 \int_{-\pi}^{+\pi} dx = 2\pi c_0 \Rightarrow c_0 = \frac{1}{2\pi}\int_{-\pi}^{+\pi} f(x)dx \quad (1.31)$$

これは，係数c_0の項に指数関数が含まれておらず，定数であったから決められたのである．そこで，係数c_1を決めるにも，この項の指数関数がなくなるように式(1.28)の両辺にe^{-ix}を乗じてから同じ範囲で積分すると，

$$\int_{-\pi}^{+\pi}\left[f(x)e^{-ix} = c_0 e^{-ix} + \underline{\underline{c_1}} + c_2 e^{ix} + c_3 e^{2ix} + \ldots + c_n e^{(n-1)ix} + \ldots\right]dx \quad (1.32)$$

となり，右辺は係数c_1の項のみが値を持ち，係数c_1が決定される．

$$\int_{-\pi}^{+\pi} f(x)e^{-ix}dx = c_1 \int_{-\pi}^{+\pi} dx = 2\pi c_1 \Rightarrow c_1 = \frac{1}{2\pi}\int_{-\pi}^{+\pi} f(x)e^{-ix}dx \quad (1.33)$$

同じように，係数a_2を決めるためには，式(1.28)の両辺にe^{-2ix}を乗じて積分すればよい．

$$\int_{-\pi}^{+\pi}\left[f(x)e^{-2ix} = c_0 e^{-2ix} + c_1 e^{-ix} + \underline{\underline{c_2}} + c_3 e^{ix} + \ldots + c_n e^{(n-2)ix} + \ldots\right]dx \quad (1.34)$$

よって，係数a_2は次式となる．

$$\int_{-\pi}^{+\pi} f(x)e^{-2ix}dx = c_2 \int_{-\pi}^{+\pi} dx = 2\pi c_2 \Rightarrow c_2 = \frac{1}{2\pi}\int_{-\pi}^{+\pi} f(x)e^{-2ix}dx \quad (1.35)$$

一般的には，所望のn項目の係数c_nを決めるために，式(1.28)の両辺にe^{-inx}を乗じた

あとに積分すればよい．すなわち，

$$\int_{-\pi}^{+\pi}\left[f(x)e^{-nix} = c_0 e^{-inx} + c_1 e^{-i(n-1)x} + c_2^{-i(n-2)x} + c_3 e^{-i(n-3)x} + ... + c_{n-1}e^{-ix} + \underline{\underline{c_n}} + c_{n+1}e^{ix} + ...\right]dx \quad (1.36)$$

と積分すれば，二重アンダーライン部の係数 c_n 項のみが残り，その値が決定される．

$$\int_{-\pi}^{+\pi} f(x)e^{-nix}dx = c_n \int_{-\pi}^{+\pi} dx = 2\pi c_n \ \Rightarrow\ c_n = \frac{1}{2\pi}\int_{-\pi}^{+\pi} f(x)e^{-nix}dx \quad (1.37)$$

以上をまとめると，既知関数 $f(x)$ のフーリエ級数展開とその係数は

$$\begin{aligned}f(x) &= c_0 + c_1 e^{ix} + c_2 e^{2ix} + c_3 e^{3ix} + ... + c_n e^{nix} + ...\\ c_n &= \frac{1}{2\pi}\int_{-\pi}^{+\pi} f(x)e^{-nix}dx \quad (n=0,1,2,.....)\end{aligned} \quad (1.38)$$

となる．このフーリエ級数展開は三角関数のオイラー表示を使っているので「**複素フーリエ級数**」と呼ばれている．

さて，式(1.38)のフーリエ級数では三角関数が明示されていないので，三角関数が明示された形のフーリエ級数展開を求めてみよう．まず，式(1.28)のオイラー表示を三角関数の表示に直し，

$$\begin{aligned}f(x) &= c_0 + c_1 e^{ix} + c_2 e^{2ix} + c_3 e^{3ix} + ... + c_n e^{nix} ...\\ &= c_0 + c_1\cos(x) + c_2\cos(2x) + c_3\cos(3x) + ... + c_n\cos(nx) + ...\\ &\quad + ic_1\sin(x) + ic_2\sin(2x) + ic_3\sin(3x) + ... + ic_n\sin(nx) + ...\end{aligned} \quad (1.39)$$

コサイン項の係数を a_n，サイン項の係数を b_n として書き直す．すなわち，既知関数 $f(x)$ を三角関数の変数が整数倍で変化する級数に展開できるものと仮定する．

$$\begin{aligned}f(x) &= a_0 + a_1\cos(x) + a_2\cos(2x) + a_3\cos(3x) + ... + a_n\cos(nx) + ...\\ &\quad + b_1\sin(x) + b_2\sin(2x) + b_3\sin(3x) + ... + b_n\sin(nx) + ...\end{aligned} \quad (1.40)$$

この級数の係数 a_n, b_n を決めるには，先の積分(1.29)のような公式が必要である．幸いにも，われわれは積分の計算練習で以下のような積分を行ったことがある．

$$\begin{aligned}\int_{-\pi}^{+\pi}\cos(mx)\sin(nx)dx &= \frac{1}{2}\int_{-\pi}^{+\pi}\left[\sin\{(n+m)x\} + \sin\{(n-m)x\}\right]dx = 0;\ \text{all } m, n\\ \int_{-\pi}^{+\pi}\cos(mx)\cos(nx)dx &= \frac{1}{2}\int_{-\pi}^{+\pi}\left[\cos\{(n-m)x\} + \cos\{(n+m)x\}\right]dx = \begin{cases}0;\ n\neq m\\ \pi;\ n=m\end{cases}\\ \int_{-\pi}^{+\pi}\sin(mx)\sin(nx)dx &= \frac{1}{2}\int_{-\pi}^{+\pi}\left[\cos\{(n-m)x\} - \cos\{(n+m)x\}\right]dx = \begin{cases}0;\ n\neq m\\ \pi;\ n=m\end{cases}\end{aligned} \quad (1.41)$$

これらの積分が意味するところは，同じ変数を持つサイン関数の積，もしくはコサイン

関数の積の積分だけが，すなわち2乗の積分だけが値 π を持つということであり，他の積分はすべてゼロになるということである．そこで，係数 a_0 を決めるために式(1.40)の両辺を $-\pi$ から $+\pi$ まで積分すると，前の式(1.31)と同じ結果になる．

$$\int_{-\pi}^{+\pi} f(x)dx = a_0 \int_{-\pi}^{+\pi} dx = 2\pi a_0 \;\Rightarrow\; a_0 = \frac{1}{2\pi}\int_{-\pi}^{+\pi} f(x)dx \tag{1.42}$$

次に，係数 a_1 を決めるために，式(1.40)の両辺に $\cos(x)$ を乗じて積分する．

$$\int_{-\pi}^{+\pi}\begin{bmatrix} f(x) = a_0 + a_1\cos(x) + a_2\cos(2x) + a_3\cos(3x) + \ldots + a_n\cos(nx) + \ldots \\ + b_1\sin(x) + b_2\sin(2x) + b_3\sin(3x) + \ldots + b_n\sin(nx) + \ldots \end{bmatrix}\cos(x)dx \tag{1.43}$$

そして，積分公式(1.41)を各項に適用すると，ゼロとならない項は係数 a_1 の項のみであるから，その係数が決まる．

$$\int_{-\pi}^{+\pi} f(x)\cos(x)dx = a_1\int_{-\pi}^{+\pi}\cos(x)\cos(x)dx \;\Rightarrow\; a_1 = \frac{1}{\pi}\int_{-\pi}^{+\pi} f(x)\cos(x)dx \tag{1.44}$$

同じく，係数 b_1 を決めるために式(1.40)の両辺に $\sin(x)$ を乗じてから積分し，

$$\int_{-\pi}^{+\pi}\begin{bmatrix} f(x) = a_0 + a_1\cos(x) + a_2\cos(2x) + a_3\cos(3x) + \ldots + a_n\cos(nx) + \ldots \\ + b_1\sin(x) + b_2\sin(2x) + b_3\sin(3x) + \ldots + b_n\sin(nx) + \ldots \end{bmatrix}\sin(x)dx \tag{1.45}$$

積分公式(1.41)を適用すると，次式のように係数 b_1 が決定される．

$$\int_{-\pi}^{+\pi} f(x)\sin(x)dx = b_1\int_{-\pi}^{+\pi}\sin(x)\sin(x)dx \;\Rightarrow\; b_1 = \frac{1}{\pi}\int_{-\pi}^{+\pi} f(x)\sin(x)dx \tag{1.46}$$

以後，このような操作を繰り返していけば，各項の係数を決めることができる．その結果は

$$a_n = \frac{1}{\pi}\int_{-\pi}^{+\pi} f(x)\cos(nx)dx,\quad b_n = \frac{1}{\pi}\int_{-\pi}^{+\pi} f(x)\sin(nx)dx\;;\quad n=1,2,3,\ldots \tag{1.47}$$

である．

結局，既知関数 $f(x)$ を式(1.40)のように展開した級数の係数が完全に決定できることになった．この結果をまとめるために再度掲載する．すなわち，既知関数 $f(x)$ をフーリエ級数展開

$$\begin{aligned} f(x) &= a_0 + a_1\cos(x) + a_2\cos(2x) + a_3\cos(3x) + \ldots + a_n\cos(nx) + \ldots \\ &\quad + b_1\sin(x) + b_2\sin(2x) + b_3\sin(3x) + \ldots + b_n\sin(nx) + \ldots \end{aligned} \tag{1.48}$$

とすると，その係数は次式で与えられる．

$$a_0 = \frac{1}{2\pi}\int_{-\pi}^{+\pi} f(x)dx,$$
$$a_n = \frac{1}{\pi}\int_{-\pi}^{+\pi} f(x)\cos(nx)dx, \quad b_n = \frac{1}{\pi}\int_{-\pi}^{+\pi} f(x)\sin(nx)dx\,;\quad n=1,2,3,\ldots \tag{1.49}$$

これが「**フーリエ級数**」である．ここで気がついたかもしれないが，積分の範囲が $(-\pi,+\pi)$ であるから，既知関数はこの区間でフーリエ級数に展開されたのであり，他の区間にこのフーリエ級数展開式を用いることはできない．ただし，関数 $f(x)$ がこの区間以外でも周期性を持つならば適用できる．詳しくは，数学としてのフーリエ級数の定義を勉強していただきたい．

1.7　微小変化

関数 $f(x)$ は点 x での値を表す．では，この点 x よりほんの少しだけ離れた点 $x+dx$ での値はどのようになるのであろうか？　これを考えてみよう．まず，点 $x+dx$ での関数値は $f(x+dx)$ と表される．この関数値を点 x を中心として微小変化 dx のべきでテーラー展開を行う．すなわちテーラー展開式(1.27)において，$x \to x+dx$，$\alpha \to x$ と置けば，

$$f(x+dx) = f(x) + \frac{1}{1!}\frac{df(x)}{dx}dx + \frac{1}{2!}\frac{d^2f(x)}{dx^2}(dx)^2 + \cdots + \frac{1}{n!}\frac{d^nf(x)}{dx^n}(dx)^n + \cdots \tag{1.50}$$

となる．そこでいま，われわれは物凄く小さな変化量 dx を考えているのだから，上式中の dx の高次のべき乗はさらに小さな量となる．もし，関数 $f(x)$ の n 階微係数が有限ならば，この微小量 dx の高次の項は無視できるほど小さなものとなる．そこで，式(1.50)の右辺第 1 項と第 2 項を取って関数値を近似すると次式となる．

$$f(x+dx) \approx f(x) + \frac{df(x)}{dx}dx\,;\quad |dx| \ll 1 \tag{1.51}$$

この式をよく見ると，これは微分の定義式

$$\frac{f(x+dx)-f(x)}{dx} = \frac{df(x)}{dx}\,;\quad dx \to 0 \tag{1.52}$$

となっている．したがって，近似式(1.51)は $dx \to 0$ の極限では近似ではなく，等しいということになる．よって，点 x から微小 dx だけ離れた点の関数値は次式で表されることになる．

$$f(x+dx) = f(x) + \frac{df(x)}{dx}dx\,;\quad dx \to 0 \tag{1.53}$$

本書の応用例題中では，いたるところで，この微小変化式(1.53)を利用して微分方程式を導出している．ちなみに，$x=0$ ならば，この微小変化式は

$$f(0+dx) = f(0) + \left[\frac{df(x)}{dx}\right]_{x=0} dx \;;\quad dx \to 0 \tag{1.54}$$

となる．次に，関数 $f(x)$ が三角関数

$$f(x) = \sin(x), \quad \cos(x) \tag{1.55}$$

ならば，式(1.54)と同じ計算を行えば，

$$\sin(dx) = \sin(0) + \left[\cos(x)\right]_{x=0} dx = dx, \quad \cos(dx) = \cos(0) + \left[-\sin(x)\right]_{x=0} dx = 1 \tag{1.56}$$

となり，既に習っている近似式となる．

問題 [1.2] 指数関数 e^x の展開式は

$$e^x = \sum_{n=0}^{\infty} \frac{1}{n!} x^n = 1 + x + \frac{1}{2!}x^2 + \frac{1}{3!}x^3 + \cdots$$

と表される．この変数を純虚数 $x = i\theta$ に代えて，オイラーの公式(1.3)を証明せよ．

問題 [1.3] 関数の近似式，$\dfrac{1}{1 \pm x} \approx 1 \mp x \;;\; |x| \ll 1$ を証明せよ．

問題 [1.4] 関数 $f(x) = \begin{cases} +1 \;;\; 0 < x \leq +\pi \\ -1 \;;\; -\pi \leq x < 0 \end{cases}$ を複素フーリエ級数に展開せよ．

1.8 いろいろな"方程式"

中学から大学に至るまで，私たちは"方程式"と名づけられるものを沢山学習した．それらを列挙すると，第一は未知数を x とする"1次方程式"

$$3x + 4 = 0 \tag{1.57}$$

第二は未知数 x の"2次方程式"

$$x^2 - 5x + 6 = 0 \tag{1.58}$$

第三は複数の未知数 x, y, z に関する"連立方程式"

$$\begin{cases} 3x - 2y + z = 1 \\ x + 5y - 3z = -3 \\ -x + 4y + 2z = 2 \end{cases} \tag{1.59}$$

などである．

上記の方程式は，いずれも「**未知数**」x などを決めるための条件式であり，名称の頭に付く接頭語 "m 元連立 n 次" は未知数の数と未知数のべき数を示している．そうすると，「**微分方程式（differential equation）**」という名称は式の中に "微分" が入っていることが予想される．微分というのは，関数がなければ微分できないのだから，未知のものが "数" ではなく，"関数" と予想できる．例えば，

$$\frac{df(x)}{dx} = x^2 + 1 \tag{1.60}$$

は未知の関数 $f(x)$ があり，その微係数が x^2+1 であるということを示している．これが「**微分方程式**」である！ すなわち，微分方程式とは未知の関数が微分された形で構成されるものである．上式の場合には，求める関数 $f(x)$，すなわち微分方程式の解は式(1.60) そのものを積分すれば，

$$f(x) = \frac{1}{3}x^3 + x + C \tag{1.61}$$

となり，積分定数 C を含みながらも関数 $f(x)$ の具体的な関数形が決まる．

1.9 微分方程式の名称

微分方程式とは，式(1.60)のように，未知関数の微分を含む方程式のことであり，「**関数を決めるための条件式**」である．先の代数方程式は未知「**数**」を決めるための方程式であったが，微分方程式は未知「**関数**」を決めるための方程式であり，決めるべきものが "数" と "関数" の違いになっている．

微分には 2 階，3 階微分など，微分の階数があるから，微分方程式にも微分の階数を示す "n" 階微分方程式というように接頭語が付く．例えば，次の微分方程式

$$\frac{d^2 f(x)}{dx^2} + 3\frac{df(x)}{dx} - f(x) = x^2 + 1 \tag{1.62}$$

では，最も微分の階数が高いのは 2 階微分であるから，"**2 階（の）微分方程式**" と名づけられる．"**n 階（の）微分方程式**" を一般的に表示すると，

$$A_n(x)\frac{d^n f(x)}{dx^n} + A_{n-1}(x)\frac{d^{n-1} f(x)}{dx^{n-1}} + \cdots\cdots + A_2(x)\frac{d^2 f(x)}{dx^2} + A_1(x)\frac{df(x)}{dx} + A_0(x)f(x) = q(x) \tag{1.63}$$

となる．ここに，係数 $A_i(x)$，$i = 0, 1, \ldots, n$ と右辺の $q(x)$ は与えられた既知の関数であり，

1.9 微分方程式の名称

$f(x)$ のみが未知関数である．

また，連立方程式の場合と同じく，複数の未知関数 $f(x), g(x), h(x)$ を含んだ微分方程式

$$\begin{cases} \dfrac{d^2 f(x)}{dx^2} + 3\dfrac{dg(x)}{dx} - \dfrac{dh(x)}{dx} + f(x) - 2g(x) + h(x) = x \\ \dfrac{dg^2(x)}{dx^2} + \dfrac{df(x)}{dx} + 3\dfrac{dg(x)}{dx} + 2\dfrac{dh(x)}{dx} + g(x) + 5h(x) = -2x^2 \\ \dfrac{df(x)}{dx} + 3\dfrac{dg(x)}{dx} - \dfrac{d^2 h(x)}{dx^2} + f(x) - 2g(x) + h(x) = 1 \end{cases} \tag{1.64}$$

は"3"元連立"2"階微分方程式"と呼ばれる．

微分方程式を記述する場合，式(1.63)のように，微分の階数が最も高いものを左辺の左端に書き，順次微分階数の低い未知関数の項を書く．そして，既知関数 $q(x)$ はすべて右辺に書く．

次に，右辺の既知関数が消滅し，左辺の未知関数項のみの微分方程式

$$A_n(x)\dfrac{d^n f(x)}{dx^n} + A_{n-1}(x)\dfrac{d^{n-1} f(x)}{dx^{n-1}} + \cdots\cdots + A_2(x)\dfrac{d^2 f(x)}{dx^2} + A_1(x)\dfrac{df(x)}{dx} + A_0(x)f(x) = 0 \tag{1.65}$$

を「**斉次(の)微分方程式**(homogeneous differential equation)」と名づけ，その解を「**斉次解**(homogeneous solution)」と呼んでいる．そして，既知関数項 $q(x)$ を持つ微分方程式(1.60)や式(1.63)を「**非斉次(の)微分方程式**（non-homogeneous differential equation)」と呼ぶ．この呼び方は連立微分方程式(1.64)の場合も同様である．

さらに，未知関数項の係数がすべて定数の場合，$A_i = \text{const.}, \quad i = 0, 1, ..., n$

$$A_n \dfrac{d^n f(x)}{dx^n} + A_{n-1}\dfrac{d^{n-1} f(x)}{dx^{n-1}} + \cdots\cdots + A_2\dfrac{d^2 f(x)}{dx^2} + A_1\dfrac{df(x)}{dx} + A_0 f(x) = q(x) \tag{1.66}$$

を「**定数係数の微分方程式**」と名づける．式(1.63),(1.65)のように，係数が関数の場合を「**変数係数の微分方程式**」と呼ぶ．

ちなみに，未知の関数 $f(x)$ が積分されたような方程式

$$f(x) + \int_0^1 f(u)\exp(-pu)du = \cos(x) \tag{1.67}$$

は「**積分方程式**(integral equation)」，微分と積分が混在した方程式

$$\dfrac{d^2 f(x)}{dx^2} + f(x) + \int_0^1 f(u)\exp(-pu)du = \cos(x) \tag{1.68}$$

は，当然のように「**微積分方程式**(integro-differential equation)」と呼ばれる．

第2章　基礎微分方程式の解法

本章では，最も基本的な1,2階微分方程式の解法について説明を行う．実は，本章以外の解法は工学分野ではあまり使われないので，本章を理解すれば，大学3,4年レベルの工学問題をほぼ解くことができる．この意味で，本章の解法は基本でありながら最も重要なものである．

2.1　単純積分

次式のように，単一の未知関数項のみで右辺の非斉次項 $p(x), q(x)$ が既知関数の微分方程式（非斉次微分方程式）

$$\frac{d^2 f(x)}{dx^2} = p(x) \tag{2.1a}$$

$$\frac{d^4 g(x)}{dx^4} = q(x) \tag{2.1b}$$

ならば，これを順次積分して，関数 $f(x), g(x)$ の具体的な関数形を決めることができる．

$$f(x) = \iint p(x)dxdx + C_1 x + C_2 \tag{2.2a}$$

$$g(x) = \iiint q(x)dxdxdxdx + C_1 \frac{x^3}{6} + C_2 \frac{x^2}{2} + C_3 x + C_4 \tag{2.2b}$$

ここに，C_1〜C_4 は「**未定係数**」と呼ばれる積分定数である．

ここで，気づいて欲しいのは，2階の微分方程式(2.1a)の解である式(2.2a)には二つの積分定数，また4階の微分方程式(2.1b)の解である式(2.2b)には四つの積分定数が加わることである．通常，微分方程式の解には，微分の最高階数に応じて"**未定係数**"と呼ぶ積分定数が付く．別ないい方をすると，微分の「**最高階数に応じた数**」の解が存在することでもある．この未定係数は未知関数に与えられる条件によって決められるので，この係数の決め方は具体的な例題を示す第4章まで待たれたい．

2.2　1階微分方程式

(1) 定数係数の微分方程式

式(1.66)のように，微分方程式の係数がすべて定数の場合についての解法を説明する．まず，例として1階の定数係数斉次微分方程式

$$\frac{df(x)}{dx} + af(x) = 0 \tag{2.3}$$

の解法を考えてみる．ここに，係数 a は既知の定数とする．

この微分方程式(2.3)をよく眺めると，微分項と微分しない項の2項の和がゼロということになっている．すると，微分した関数 $f'(x)$ と微分しない関数 $f(x)$ とが同じ関数形でなければ，和がゼロということにはならない．そして，微分しても，しなくても同じ関数形になるような関数は？と考えると，それは指数関数しかない．そこで，解の関数を指数関数

$$f(x) = e^x = \exp(x) \tag{2.4}$$

と仮定して，式(2.3)の微分方程式に代入してみると，

$$(1+a)e^x = 0 \tag{2.5}$$

となる．このゼロになる等式がすべての変数領域（$-\infty < x < +\infty$）で成立するのが条件であるが，指数関数はゼロにならないので，係数部 $(1+a)$ がゼロにならなければならない．しかし，定数 a は前もって決まっているので，これもゼロにはならない．したがって，式(2.4)の指数関数の仮定は解にならない．

しかし，式(2.5)の係数部 $(1+a)$ をよく見ると，"1"は指数関数の微分から生じたものであり，ここに何か未知のものがあれば，この係数部をゼロにすることができるだろう．このように考えて，指数関数の変数部に未知の係数パラメータ p を導入し，微分方程式(2.3)の解を未知パラメータ p を含んだ指数関数

$$f(x) = e^{px} = \exp(px) \tag{2.6}$$

に仮定する（これでダメなら，またほかの方法を考えればよい！）．

式(2.6)を微分方程式(2.3)に代入してみると，

$$(p+a)\exp(px) = 0 \tag{2.7}$$

となる．これがすべての変数 x について成り立つには，係数部がゼロ

$$p + a = 0 \tag{2.8}$$

であればよいことになる．幸いにも，パラメータ p は未知数であるから，上式はこのパラメータ p についての簡単な1次方程式であり，これを解くと，

$$p = -a \tag{2.9}$$

となる．この結果，仮定された解の式(2.6)が

$$f(x) = e^{-ax} = \exp(-ax) \tag{2.10}$$

となれば，微分方程式(2.3)を満足できることになる．これが微分方程式の解と呼ばれるものである．この解である式(2.10)に任意の定数を乗じても，やはり微分方程式(2.3)を満足するから，微分方程式(2.3)の解は任意係数，すなわち未定係数 C が係数として掛けられた指数関数

$$f(x) = Ce^{-ax} = C\exp(-ax) \tag{2.11}$$

となる．この未定係数を持つ解が微分方程式の"**一般解**"と呼ばれている．なお，指数関数を仮定して微分方程式に代入したときの係数部，すなわちパラメータ p についての方程式(2.8)を「**特性方程式**」，その根 $p = -a$ を「**固有値**」と名づけている．この用語は，今後も頻繁に使用されるので，記憶に留めておいて欲しい．

問題 [2.1]　式(2.11)を式(2.3)に代入して，満足することを確認せよ．

問題 [2.2]　微分方程式 $g'(x) - ag(x) = 0$；$a > 0$ の一般解を求めよ．

(2) 変数係数の微分方程式

微分しない項の係数が変化する変数係数 $h(x)$ の1階斉次微分方程式

$$\frac{df(x)}{dx} + h(x)f(x) = 0 \tag{2.12}$$

の解を求めてみよう．この微分方程式の解を探すのに，前2.2 (1)項のように微分しても，しなくても同じ関数と考えることはできない．なぜなら，微分しない項に係数関数 $h(x)$ が掛けられているので，微分しない項は異なる関数になってしまうからである．では，どうしたらいいのだろうか？　本項の解法はちょっとしたことだけど，「なるほど，うまくやったもんだ」というような解法である．それを以下に説明する．

微分方程式をよく眺めて，$f(x)$ を f という記号に書き換える．

$$\frac{df}{dx} + h(x)f = 0 \tag{2.13}$$

そして，両辺に

$$\frac{dx}{f} \tag{2.14}$$

を掛け，微分の分数表示をなくし，左辺には f に関するもの，また右辺には変数 x に関するもののみになるように書き直す．

$$\frac{dx}{f}\left(\frac{df}{dx}+h(x)f=0\right) \Rightarrow \frac{df}{f}=-h(x)dx \tag{2.15}$$

この式の左辺と右辺は異なる変数による微小変化が等しいことを表している．そこで，この式全体に積分記号 $\int$ を掛け（積分をすること），

$$\int\left\{\frac{df}{f}=-h(x)dx\right\} \tag{2.16}$$

とする．そして，左右両辺にそれぞれ積分記号を作用させる．

$$\int\frac{df}{f}=-\int h(x)dx \tag{2.17}$$

　この式の左辺は変数 f についての積分に，また右辺は変数 x についての積分になっている．そして，左辺の被積分関数 $1/f$ は $\log(f)$ を微分したものになっているから，積分することができる．そして，右辺の $h(x)$ は既知であるから積分できるはずなので，具体的な $h(x)$ の関数形が与えられるまでは積分形のままに留めておくことにする．よって，式(2.17)の左右両辺をそれぞれの変数で積分すれば，

$$\log(f)+C_f=-\int h(x)dx \tag{2.18}$$

となる．ここに，C_f は左右両項の積分から生じた積分定数をまとめたものである．

　上式(2.18)では，まだ未知関数 $f(x)$ を求めたことにはならないので，この対数関数の変数となった未知関数 f がはっきりした形（陽に表す）で表されるように，両辺に指数関数を作用させる．

$$\exp\left\{\log(f)=-C_f-\int h(x)dx\right\} \tag{2.19}$$

そして，表 1.1 の下の公式

$$\exp\{\log(x)\}=e^{\log(x)}=x \tag{2.20}$$

を適用すると，式(2.19)の左辺は関数 f のみとなり，右辺は積分定数部を分離して，

$$f = e^{-C_f - \int h(x)dx} = e^{-C_f} e^{-\int h(x)dx} \tag{2.21}$$

となる．さらに，積分定数の指数関数 e^{-C_f} を新しい任意係数 C に置き換えると（任意定数の指数関数値も任意の定数である），関数 f は

$$f = Ce^{-\int h(x)dx} \tag{2.22}$$

となる．結局，変数係数の 1 階微分方程式 (2.12) の解 $f(x)$ は

$$f(x) = Ce^{-\int h(x)dx} \tag{2.23}$$

となる．これが正しいかどうかは，式 (2.12) に代入してみればすぐわかる（微分方程式の解の正誤を確認するには，得られた解を元の微分方程式に代入して満足するかどうかを確認すればよいので，模範解答は必要ない．ただし，微分計算を間違えるのでは，どうしようもない！）．

少し長引いたが，変数係数の 1 階斉次微分方程式は，この方法で完全に解くことができる．この解法のコツは，与えられた微分方程式の未知関数の微分をあたかも変数のように考えて，式 (2.15) の右側のように変数 x と関数 f とを左右両辺に"分離"することにある．そのあとは，それぞれ f と x について積分し，整理するだけである．この分離の概念と積分は，通常の微分とその逆である積分と同じである．例えば，微分式

$$\frac{dy}{dx} = g(x); \quad g(x)\,は既知 \tag{2.24}$$

を変形して，

$$dy = g(x)dx \tag{2.25}$$

とし，両辺に積分を作用させると，

$$\int \{dy = g(x)dx\} \quad \Rightarrow \quad \int dy = \int g(x)dx \quad \Rightarrow \quad y = \int g(x)dx \tag{2.26}$$

となる．これは，式 (2.24) を積分したものにほかならない．

2.3　2階微分方程式

(1) 定数係数の微分方程式

定数係数の2階微分方程式について考えてみよう．既知の定数 a, b を係数に持つ2階微分方程式

$$\frac{d^2 f(x)}{dx^2} + 2b\frac{df(x)}{dx} + af(x) = 0 ; \quad a > 0, b > 0 \tag{2.27}$$

を対象とする（ここで，$2b$ としているのは計算式がきれいに見えるようにしただけで，特別な意味はない）．

式(2.27)の微分方程式は第2.2(1)項と同じように定数係数の微分方程式であるから，求めるべき関数 $f(x)$ は微分しようと，しまいと，同じ関数形でなくては式(2.27)を成立させることができない．微分によって関数形が変化しないのは指数関数のみであるから，解を未知パラメータ p を含んだ指数関数

$$f(x) = e^{px} = \exp(px) \tag{2.28}$$

と仮定し，微分方程式(2.27)に代入する．

$$(p^2 + 2bp + a)\exp(px) = 0 \tag{2.29}$$

これが x の全変数域で成立するには，括弧の係数部がゼロとならなくてはならないから，パラメータ p についての2次方程式，すなわち「**特性方程式**」

$$p^2 + 2bp + a = 0 \tag{2.30}$$

が得られる．これを解くと，2根（**固有値**）が得られるから，それぞれを p_1, p_2 とする．

$$\begin{pmatrix} p_1 \\ p_2 \end{pmatrix} = -b \pm \sqrt{b^2 - a} \tag{2.31}$$

各固有値 p_1, p_2 に対応した指数関数解に任意係数 C_1, C_2 を乗じて加えた

$$f(x) = C_1 \exp(p_1 x) + C_2 \exp(p_2 x) \tag{2.32}$$

が「定数係数2階微分方程式」の"**一般解**"である．より具体的に表すと，

$$f(x) = C_1 \exp\left\{\left(-b + \sqrt{b^2 - a}\right)x\right\} + C_2 \exp\left\{\left(-b - \sqrt{b^2 - a}\right)x\right\} \tag{2.33}$$

となる．先に触れたように，2階微分方程式では解が2種となり，二つの未定係数（積分定数）が付くことになる．

定数係数の微分方程式は，すべてこのように未知パラメータを含んだ指数関数に解を

仮定して解くことができる．しかし，微分階数が高くなる高階の定数係数微分方程式では，特性方程式が未知パラメータについての高次方程式になるので，その根である固有値を求めることが面倒になる．すると，コンピュータで固有値を探すことになる．したがって，工学的応用に使える微分方程式はせいぜい2階の微分方程式までである（式で，ちゃんと解ける高次方程式は4次方程式までで，5次方程式以上は解析的に解けない．しかも，3次方程式，4次方程式でさえも結構面倒な手順があり，解も2次方程式のようにすっきりきれいに表せない）．

(a) 減衰振動の解

微分方程式(2.27)の変数が時間 t

$$\frac{d^2f(t)}{dt^2}+2b\frac{df(t)}{dt}+af(t)=0;\quad a>0, b>0 \tag{2.34}$$

であるならば，その解は

$$f(t)=C_1\exp\left\{\left(-b+\sqrt{b^2-a}\right)t\right\}+C_2\exp\left\{\left(-b-\sqrt{b^2-a}\right)t\right\} \tag{2.35}$$

となる．そして，$b^2>a$ ならば解 $f(t)$ の二つの解は時間の経過とともに指数関数的に減少する．このような解は，単調に減衰，もしくは収束するという．

一方，$b^2<a$ ならば，式(2.35)中の根号内が負となり，指数関数の変数は複素数となる．

$$f(t)=C_1\exp\left\{\left(-b+i\sqrt{a-b^2}\right)t\right\}+C_2\exp\left\{\left(-b-i\sqrt{a-b^2}\right)t\right\} \tag{2.36}$$

そこで，オイラーの公式(1.4)を用いて実部と虚部とに分解すると，

$$\begin{aligned}f(t)&=C_1\exp\left\{\left(-b+i\sqrt{a-b^2}\right)t\right\}+C_2\exp\left\{\left(-b-i\sqrt{a-b^2}\right)t\right\}\\&=\exp(-bt)\left[C_1\exp\left\{\left(+i\sqrt{a-b^2}\right)t\right\}+C_2\exp\left\{\left(-i\sqrt{a-b^2}\right)t\right\}\right]\\&=\exp(-bt)\left[C_1\cos\left(\sqrt{a-b^2}t\right)+iC_1\sin\left(\sqrt{a-b^2}t\right)+C_2\cos\left(\sqrt{a-b^2}t\right)-iC_2\sin\left(\sqrt{a-b^2}t\right)\right]\\&=\exp(-bt)\left[(C_1+C_2)\cos\left(\sqrt{a-b^2}t\right)+i(C_1-C_2)\sin\left(\sqrt{a-b^2}t\right)\right]\end{aligned}$$
$$\tag{2.37}$$

となる．さらに，未定係数を新しく定義し直す．

$$C_1\equiv C_1+C_2,\quad C_2\equiv i(C_1-C_2) \tag{2.38}$$

（虚数も定数であるから，虚数を含んで新しい定数と考えることができる！）

すると，微分方程式(2.34)の解である式(2.37)は

$$f(t) = \exp(-bt)\left\{C_1 \cos\left(\sqrt{a-b^2}\,t\right) + C_2 \sin\left(\sqrt{a-b^2}\,t\right)\right\}; \quad a > b^2 \tag{2.39}$$

となる．この解は時間の経過につれて振動数 $\sqrt{a-b^2}$ で振動しながら，その振幅は時間の経過とともに指数関数的 $\exp(-bt)$ に減少する様子を表している．このような解を「**減衰振動**」と呼ぶ．そして，係数 b を「**減衰係数**」と呼ぶことが多い．

問題 [2.3]　減衰振動 $f(t) = e^{-2t}\cos(t)$ と $e^{-t}\cos(2t)$ の時間変化を比較せよ．

(b) 固有値が重根の場合

解を指数関数に仮定したパラメータ p の特性方程式が重根を持つ場合

$$a = b^2 \tag{2.40}$$

二つの固有値は同じ値

$$\begin{pmatrix} p_1 \\ p_2 \end{pmatrix} = -b \tag{2.41}$$

となり，微分方程式(2.34)の一般解である式(2.35)中の2項は二つとも同じ関数

$$f(t) = C_1 \exp(-bt) + C_2 \exp(-bt) = (C_1 + C_2)\exp(-bt) \tag{2.42}$$

となる．このため，式(2.42)は2階の微分方程式の一般解でありながら，二つの独立な（異なる）解ではなくなる．そこで，解 $\exp(-bt)$ に加えて，もう一つの解を探さなければならない．ここでは，その方法を説明する．

第二の解を探す方法は極めて簡単である．まず，重根の解 $\exp(-bt)$ に係数を掛け，その係数が変数 t の関数と仮定する．すなわち，係数を $C(t)$ として第二の解を探す．

$$f(t) = C(t)\exp(-bt) \tag{2.43}$$

これを当初の微分方程式(2.34)（ここでは，重根の条件 $a = b^2$ を使っている）

$$\frac{d^2 f(x)}{dx^2} + 2b\frac{df(x)}{dx} + b^2 f(x) = 0 \tag{2.44}$$

に代入して，係数関数 $C(t)$ の微分方程式を導出する．そのため，まず微分の準備を行う．

$$\begin{aligned}
f(t) &= C(t)\exp(-bt) \\
f'(t) &= \{C'(t) - bC(t)\}\exp(-bt) \\
f''(t) &= \{C''(t) - 2bC'(t) + b^2 C(t)\}\exp(-bt)
\end{aligned} \tag{2.45}$$

ここに，ダッシュ（'）は微分を表す．そして，式(2.45)を微分方程式(2.44)に代入する．

$$\left[C''(t) - 2bC'(t) + b^2 C(t) + 2b\{C'(t) - bC(t)\} + b^2 C(t)\right]\exp(-bt) = 0 \tag{2.46}$$

上式が成立するための条件は，先の指数関数の仮定と同じく指数関数の係数部がゼロとならなければならないから（アンダーライン部は差し引きゼロとなる），

$$C''(t) = 0 \tag{2.47}$$

が係数関数 $C(t)$ を決める条件となる．上式(2.47)は2階微分がゼロになるのだから，順次積分すると，係数関数 $C(t)$ は変数 t の1次関数

$$C(t) = C_1 t + C_2 \tag{2.48}$$

となる．これを当初の式(2.43)に代入すると，第二の解は

$$f(t) = (C_1 t + C_2) \exp(-bt) \tag{2.49}$$

となる．この解のうち，係数 C_2 の項は第一の解である式(2.42)と同じであるから，この式(2.49)が特性方程式が重根となる場合の一般解となる．

ここで，式(2.49)をよく見ると，二つの解は，指数関数そのものと一次関数 t との積

$$f(t) = \exp(-bt), \quad t \exp(-bt) \tag{2.50}$$

の2種類である．指数関数は重根に対応するものであるから，第二の解はこの指数関数に変数 t の1乗を掛けたものとなっている．普通，特性方程式が重根を取る場合には，本項で説明した式(2.43)のように変数係数の仮定からスタートして第二の解を探すのは時間がかかる．このため，手っ取り早く第一の解に変数の1乗を掛けて微分方程式を満足するかどうか調べた方が早いのである．この方法がダメな場合には，2乗にして，さらに試してみるというように，順次変数のべき乗を増やしていけば，おおよそ第二の解は見つかるのである．それでもダメなら，本項の「**係数変化法**」で解けばよい．

(c) 単振動の解

式(2.34)の微分方程式において，1階微分の係数がない場合（$b=0$）の微分方程式

$$\frac{d^2 f(t)}{dt^2} + af(t) = 0 \tag{2.51}$$

について，解の挙動を調べてみよう．このため，係数 a の正負に分けて検討を行うことにする．

① 係数 a が正の場合

新しい定数 ω を導入して，係数 a を

$$a = +\omega^2 > 0 \tag{2.52}$$

とすれば，微分方程式(2.51)は

$$\frac{d^2 f(t)}{dt^2} + \omega^2 f(t) = 0 \tag{2.53}$$

となる．これを解くために，解を未知パラメータ p を含んだ指数関数

$$f(t) = \exp(pt) \tag{2.54}$$

に仮定して，微分方程式(2.53)に代入すると，

$$(p^2 + \omega^2)\exp(pt) = 0 \tag{2.55}$$

となる．そしてパラメータ p の固有値は正負の純虚数

$$p = \pm i\omega \tag{2.56}$$

となるから，微分方程式(2.53)の一般解は

$$f(t) = C_1 \exp(i\omega t) + C_2 \exp(-i\omega t) \tag{2.57}$$

となる．

この解は指数関数の変数が純虚数であるから，オイラーの公式(1.3)を用いて三角関数に書き直す．その過程は

$$\begin{aligned} f(t) &= C_1 \exp(i\omega t) + C_2 \exp(-i\omega t) \\ &= C_1 \{\cos(\omega t) + i\sin(\omega t)\} + C_2 \{\cos(\omega t) - i\sin(\omega t)\} \\ &= (C_1 + C_2)\cos(\omega t) + i(C_1 - C_2)\sin(\omega t) \\ &= A\cos(\omega t) + B\sin(\omega t) \end{aligned} \tag{2.58}$$

である．ここでは，新しい未定係数 A, B

$$A \equiv C_1 + C_2, \quad B \equiv i(C_1 - C_2) \tag{2.59}$$

に置換えを行っている．

この結果，微分方程式(2.53)の一般解は三角関数ということになった．さらに，同じ変数を持つ三角関数の和は，新しい未知係数 R, ϕ（実は，係数ではないのだが）を導入して，係数の置換え

$$A = R\sin\phi, \quad B = R\cos\phi \tag{2.60}$$

を行うと，単一の三角関数として表すこともできる．その過程は次のとおりである．

$$\begin{aligned} f(t) &= A\cos(\omega t) + B\sin(\omega t) \\ &= R\sin\phi\cos(\omega t) + R\cos\phi\sin(\omega t) \\ &= R\sin(\omega t + \phi) \end{aligned} \tag{2.61}$$

この解は三角関数であるから，その時間変化（挙動）は値の大きさが $\pm R$ の間を往復，すなわち時間的には振動することを示している．それゆえ，微分方程式(2.53)を「**単振動の微分方程式**」と呼んでいる．この微分方程式(2.53)は，様々な振動現象を解析する

場合に出現する．そして，R は"振幅"を表し，ϕ は"位相差"と名づけられ，時間変化のズレを表す．単振動の微分方程式の解には，式(2.58)のように二つの未定係数を持つ三角関数の和としての表現や，式(2.61)のように振幅 R と位相差 ϕ を未定係数とした表現が採用される．物理現象や解析の便宜さからどちらかの表現が選択されることになる．

② 係数 a が負の場合

新しい定数 ω を導入して，係数 a を

$$a = -\omega^2 < 0 \tag{2.62}$$

とすれば，微分方程式(2.51)は

$$\frac{d^2 f(t)}{dt^2} - \omega^2 f(t) = 0 \tag{2.63}$$

となる．これを解くために，解を未知パラメータ p を含んだ指数関数

$$f(t) = \exp(pt) \tag{2.64}$$

に仮定して微分方程式(2.63)に代入すると次式となる．

$$(p^2 - \omega^2)\exp(pt) = 0 \tag{2.65}$$

そしてパラメータ p の特性方程式と固有値は

$$p^2 - \omega^2 = 0 \;\;\Rightarrow\;\; p = \pm\omega \tag{2.66}$$

となる．よって，微分方程式(2.63)の一般解は，正負の指数を持つ指数関数の和となる．

$$f(t) = C_1 \exp(+\omega t) + C_2 \exp(-\omega t) \tag{2.67}$$

この解は，時間の経過とともに指数関数的に発散する係数 C_1 の項と指数関数的に収束する係数 C_2 の項で構成されている．もし，時間が負の無限大に向かうならば，収束，発散の特性が逆になることは明らかである．具体的な力学問題では，それぞれの項の時間特性に応じてどちらかの項を解として選ぶことが多い．

また，未定係数 C_1, C_2 を新しい未定係数 A, B

$$C_1 = \frac{1}{2}(A+B), \quad C_2 = \frac{1}{2}(A-B) \tag{2.68}$$

に置き換えると，解の指数関数表示式(2.67)は双曲線関数表示に書き直される．すなわち，次式となる．

$$\begin{aligned} f(t) &= C_1 \exp(+\omega t) + C_2 \exp(-\omega t) \\ &= \frac{1}{2}(A+B)\exp(+\omega t) + \frac{1}{2}(A-B)\exp(-\omega t) \\ &= A\frac{\exp(+\omega t) + \exp(-\omega t)}{2} + B\frac{\exp(+\omega t) - \exp(-\omega t)}{2} \\ &= A\cosh(\omega t) + B\sinh(\omega t) \end{aligned} \quad (2.69)$$

双曲線関数は正負の無限時間では発散するから，式(2.69)の双曲線関数による解は無限時間を含む現象ではなく，有限時間区間での現象を解析するときに用いられる（変数が時間 t ではなく位置 x であれば，有限領域の解析に利用される．第 14 章はその例である）．

(2) 変数係数の微分方程式

第 2.2(2)項で説明したように，変数係数の 1 階微分方程式には一般解法があり，すべて厳密に解くことができる．しかし変数係数の 2 階微分方程式には，一般的な解法はない．しかも，ほとんどの変数係数の 2 階微分方程式は解けない．数学的遊びは別にして，大学レベルの工学的応用分野では，唯一きれいに解ける変数係数の微分方程式がある．その微分方程式は「**同次元型**」と呼ばれ，以下のような微分方程式である．

$$\frac{d^2 f(x)}{dx^2} + \frac{2b}{x}\frac{df(x)}{dx} + \frac{a}{x^2}f(x) = 0 \quad \text{or} \quad x^2\frac{d^2 f(x)}{dx^2} + 2bx\frac{df(x)}{dx} + af(x) = 0 \quad (2.70)$$

ここに，係数 a, b は定数である．

この微分方程式(2.70)が同次元型と呼ばれるゆえんは，各微分項の微分回数と変数 x とで構成する次元が各項ともすべて同じことにある．例えば，$f(x)$ をある物理量 $[f]$ とし，変数 x を長さの次元 $[\mathrm{m}]$ とすれば，式(2.70)の左式の各微分項の次元は，

$$\frac{d^2 f(t)}{dx^2} \equiv \left[\frac{f}{\mathrm{m}^2}\right], \quad \frac{1}{x}\frac{df(t)}{dx} \equiv \left[\frac{f}{\mathrm{m}^2}\right], \quad \frac{1}{x^2}f(t) \equiv \left[\frac{f}{\mathrm{m}^2}\right] \quad (2.71)$$

となり，各項とも同じ次元となる．これが "**同次元**" 型と呼ばれるゆえんである．

幸いなことに，この同次元型微分方程式は定数係数の微分方程式に変換できる．そして，定数係数の微分方程式ならば，第 2.3(1)項の指数関数による解法を適用できる．同次元型の微分方程式を定数係数の微分方程式に変換する変数変換は

$$z = \log(x), \quad x = e^z, \quad \frac{dz}{dx} = \frac{1}{x} \quad (2.72)$$

である．この変数変換 $x \to z$ によって未知関数の変数は z となり，$f(x) \to f(z)$，式(2.70)の各微分項は，以下のように変数 z の微分に変換される．

$$\frac{df(z)}{dx} = \frac{df(z)}{dz}\frac{dz}{dx} = \frac{1}{x}\frac{df(z)}{dz}$$

$$\frac{d^2 f(z)}{dx^2} = \frac{d}{dx}\left(\frac{df(z)}{dx}\right) = \frac{d}{dx}\left(\frac{1}{x}\frac{df(z)}{dz}\right) = \frac{1}{x}\frac{d}{dz}\left(\frac{df(z)}{dz}\right)\frac{dz}{dx} - \frac{1}{x^2}\frac{df(z)}{dz} \quad (2.73)$$

$$= \frac{1}{x^2}\left\{\frac{d^2 f(z)}{dz^2} - \frac{df(z)}{dz}\right\}$$

これを同次元型微分方程式(2.70)に代入すれば,

$$\frac{1}{x^2}\left\{\frac{d^2 f(z)}{dz^2} - \frac{df(z)}{dz}\right\} + \frac{2b}{x}\frac{1}{x}\frac{df(z)}{dz} + \frac{a}{x^2}f(z) = 0 \quad (2.74)$$

となる．そして，各項に共通な x^2 を約すと，定数係数の微分方程式となる．

$$\frac{d^2 f(z)}{dz^2} + (2b-1)\frac{df(z)}{dz} + af(z) = 0 \quad (2.75)$$

定数係数の微分方程式ならば，前節で解法を学んだのだから，その解法を適用して解くことができる．そして，関数 $f(z)$ が確定したら，逆の変数変換 $z = e^x$ を行ってやればよい．そこで，定数係数の微分方程式(2.75)を指数関数に仮定して，その特性方程式

$$p^2 + (2b-1)p + a = 0 \quad (2.76)$$

を解くと，固有値は

$$\begin{pmatrix} p_1 \\ p_2 \end{pmatrix} = -\frac{1}{2}\left\{(2b-1) \pm \sqrt{(2b-1)^2 - a}\right\} \quad (2.77)$$

となる．よって，一般解は次式で与えられる．

$$f(z) = C_2 e^{p_1 z} + C_2 e^{p_2 z} \quad (2.78)$$

ここに，C_1, C_2 は未定係数である．

次に逆の変数変換（$z = \log(x)$）を行い，元の変数 x に戻すと,

$$f(x) = f(z) = C_1 e^{p_1 z} + C_2 e^{p_2 z} = C_1 e^{p_1 \log(x)} + C_2 e^{p_2 \log(x)} = C_1 e^{\log(x^{p_1})} + C_2 e^{\log(x^{p_2})}$$
$$= C_1 x^{p_1} + C_2 x^{p_2} \quad (2.79)$$

となる．この結果，同次元型微分方程式の解は変数 x のべき乗関数となる．実は，この同次元型微分方程式は変数変換で定数係数の微分方程式に変換しなくても，最初から変数 x のべき乗関数

$$f(x) = x^p \quad (2.80)$$

に仮定して，べき乗パラメータ p を決めればよいことがわかる．式(2.70)の微分方程式の場合，式(2.80)を代入してべき乗パラメータ p に関する特性方程式を求めると，式(2.76)になり，式(2.79)の結果が得られる．各自で確かめてみよう！

2.4 非斉次微分方程式の特解

これまでは斉次微分方程式の解法について説明を行ってきた．本節では，非斉次微分方程式の解法について説明を行うことにする．斉次微分方程式は未知関数の項のみで構成される微分方程式であり，非斉次微分方程式は右辺に既知関数である非斉次項が存在する微分方程式である．なお，本節で示される解法のコツは 2 階微分方程式に限らず，すべての（線形）微分方程式に適用可能である．

(1) 斉次解と特解

まず，一番簡単な微分方程式

$$\frac{d^2 f(x)}{dx^2} = q(x) \tag{2.81}$$

と，その解

$$f(x) = \iint q(x) dx dx + C_1 x + C_2 \tag{2.82}$$

について考えてみよう．解である上式(2.82)の構成についてよく見ると，右辺の積分定数項

$$f(x) = C_1 x + C_2 \tag{2.83}$$

は斉次微分方程式

$$\frac{d^2 f(x)}{dx^2} = 0 \tag{2.84}$$

を満足し，積分項

$$f(x) = \iint q(x) dx dx \tag{2.85}$$

は非斉次微分方程式(2.81)を満足するものとなっている．すなわち，微分方程式の解(2.82)は 2 種の解から構成されている．一つは右辺がゼロである $q(x) = 0$ の斉次微分方程式の解と，二つ目は右辺に非斉次項 $q(x) \neq 0$ が存在する場合の解である．このうち，右辺がゼロの微分方程式は斉次微分方程式

$$\frac{d^2 f_h(x)}{dx^2} = 0 \tag{2.86}$$

であるから，その解を"**斉次解**"（homogeneous solution）と呼び，下添字"h"を付すことにすれば，式(2.83)は斉次解ということになる．

$$f_h(x) = C_1 x + C_2 \tag{2.87}$$

一方，右辺がゼロでない非斉次項を持つ微分方程式

$$\frac{d^2 f_p(x)}{dx^2} = q(x) \tag{2.88}$$

の解を"**特解**"（particular solution）と呼び，下添字"p"を付すことにすれば，式(2.85)は特解である．

$$f_p(x) = \iint q(x) dx dx \tag{2.89}$$

そして，微分方程式の解である式(2.82)は「**斉次解と特解の和**」として構成されていることになる．

一般的には，すべての（線形）微分方程式の解は斉次解と特解との"**和**"

$$f(x) = f_h(x) + f_p(x) \tag{2.90}$$

として表される．前節までは斉次微分方程式についての解法であった（もちろん，もし既知関数が $q(x) = 0$ ならば，微分方程式の解は斉次解のみとなる）．以下は，非斉次項を持つ非斉次微分方程式の特解を求める一般解法について説明を行う．この一般解法は，微分階数や係数が定数であるかどうかにかかわらず同じ形式なので，変数係数の2階微分方程式について説明を行うことにする．

(2) 2階微分方程式の特解

まず，対象とする2階微分方程式を

$$\frac{d^2 f(x)}{dx^2} + 2\alpha(x) \frac{df(x)}{dx} + \beta^2(x) f(x) = q(x) \tag{2.91}$$

とし，変数係数 $\alpha(x), \beta(x)$，および非斉次項 $q(x)$ は既知関数とする．そして，この斉次微分方程式

$$\frac{d^2 f_h(x)}{dx^2} + 2\alpha(x) \frac{df_h(x)}{dx} + \beta^2(x) f_h(x) = 0 \tag{2.92}$$

の斉次解を $y_1(x), y_2(x)$ として，それぞれに未定係数を乗じて加えた斉次解は

$$f_h(x) = C_1 y_1(x) + C_2 y_2(x) \tag{2.93}$$

となるものとする．すなわち，斉次解は求められたものと考える．

次に，特解を求めることにしよう．そのために，斉次解 $y_1(x), y_2(x)$ を利用する．斉次解の未定係数を変数 x の関数 $A(x), B(x)$ と想定し，特解を以下のように仮定する．

$$f_p(x) = A(x)y_1(x) + B(x)y_2(x) \tag{2.94}$$

この係数関数 $A(x), B(x)$ を決めることが特解を求めることになる．

式(2.94)の特解は非斉次微分方程式

$$\frac{d^2 f_p(x)}{dx^2} + 2\alpha(x)\frac{df_p(x)}{dx} + \beta^2(x)f_p(x) = q(x) \tag{2.95}$$

を満足しなくてはならない．そこで，仮定された特解である式(2.94)を微分方程式(2.95)に代入するために微分の準備を行う．まず，1階微分は

$$\frac{df_p(x)}{dx} = \underline{A'(x)y_1(x) + B'(x)y_2(x)} + A(x)y_1'(x) + B(x)y_2'(x) \tag{2.96}$$

となる．ここに，ダッシュ(′)は変数 x についての微分を意味している．上式(2.96)において，未定係数を微分した項（アンダーライン部）が消滅する条件

$$A'(x)y_1(x) + B'(x)y_2(x) = 0 \tag{2.97}$$

を導入する（これが本解法のミソであり，この条件を導入する魂胆はあとから判明する）．この条件の導入によって式(2.96)の1階微分は微分しない係数のみの簡単な式になる．

$$\frac{df_p(x)}{dx} = A(x)y_1'(x) + B(x)y_2'(x) \tag{2.98}$$

そして，2階微分は簡単になった1階微分をさらに微分して，

$$\frac{d^2 f_p(x)}{dx^2} = A'(x)y_1'(x) + B'(x)y_2'(x) + A(x)y_1''(x) + B(x)y_2''(x) \tag{2.99}$$

となる．以上の微分計算式(2.98),(2.99)と解の仮定式(2.94)を非斉次微分方程式(2.95)に代入し，整理する．その計算過程は以下のとおりである．

$$\begin{aligned}
&\frac{d^2 f_p(x)}{dx^2} + 2\alpha(x)\frac{df_p(x)}{dx} + \beta^2(x)f_p(x) \\
&= A'(x)y_1'(x) + B'(x)y_2'(x) + A(x)y_1''(x) + B(x)y_2''(x) \\
&\quad + 2\alpha(x)\{A(x)y_1'(x) + B(x)y_2'(x)\} + \beta^2(x)\{A(x)y_1(x) + B(x)y_2(x)\} \\
&= A'(x)y_1'(x) + B'(x)y_2'(x) \\
&\quad + A(x)\underline{\{y_1''(x) + 2\alpha(x)y_1'(x) + \beta^2(x)y_1(x)\}} + B(x)\underline{\{y_2''(x) + 2\alpha(x)y_2'(x) + \beta^2(x)y_2(x)\}} \\
&= q(x)
\end{aligned}$$

$$\tag{2.100}$$

この式(2.100)において，アンダーライン部は斉次解 $y_1(x), y_2(x)$ についての斉次微分方程式(2.92)と同じであるから，斉次解は斉次微分方程式を満足しているはずである．よって，アンダーライン部の値はゼロとなる．すなわち，

$$y_1''(x) + 2\alpha y_1'(x) + y_1(x) = 0, \quad y_2''(x) + 2\alpha y_2'(x) + y_2(x) = 0 \tag{2.101}$$

とすると，整理された微分方程式(2.100)は1階微分された係数についての方程式

$$A'(x)y_1'(x) + B'(x)y_2'(x) = q(x) \tag{2.102}$$

となる．

この式(2.102)と先の1階微分の際に導入した条件式(2.97)を組み合わせると，未定係数の微係数 $A'(x), B'(x)$ についての連立方程式が構成される．

$$\begin{cases} A'(x)y_1(x) + B'(x)y_2(x) = 0 \\ A'(x)y_1'(x) + B'(x)y_2'(x) = q(x) \end{cases} \tag{2.103}$$

この連立方程式を解けば，係数の微係数は次式となる．

$$A'(x) = +\frac{q(x)y_2(x)}{y_1'(x)y_2(x) - y_1(x)y_2'(x)}, \quad B'(x) = -\frac{q(x)y_1(x)}{y_1'(x)y_2(x) - y_1(x)y_2'(x)} \tag{2.104}$$

そして，これを積分すると，係数 $A(x), B(x)$ が決定される．すなわち，次式

$$A(x) = +\int \frac{q(x)y_2(x)}{y_1'(x)y_2(x) - y_1(x)y_2'(x)} dx, \quad B(x) = -\int \frac{q(x)y_1(x)}{y_1'(x)y_2(x) - y_1(x)y_2'(x)} dx \tag{2.105}$$

となり，係数 $A(x), B(x)$ が積分形で求められたことになる．この積分は斉次解 $y_1(x), y_2(x)$ と非斉次項 $q(x)$ の具体的な関数形が決まらなければ積分できないし，関数形が決まっても積分できず，積分形のままということもある．積分形の場合には，積分の上限が変数 x となり，下限は解析領域の両端どちらかになる（どの端を取るかは，積分の収束性と特解の物理的意味合いから選別される）．

さて，式(2.94)で仮定した特解の係数が決まったので，式(2.105)を式(2.94)に代入すれば，特解は次式となる．

$$f_p(x) = +y_1(x)\int^x \frac{q(x)y_2(x)}{y_1'(x)y_2(x) - y_1(x)y_2'(x)} dx - y_2(x)\int^x \frac{q(x)y_1(x)}{y_1'(x)y_2(x) - y_1(x)y_2'(x)} dx \tag{2.106}$$

以上が特解の求め方である．この方法は少し長たらしいので，公式として覚えるのではなく，解法の考え方と手順を理解し，個別の問題に対してこの方法を適用するようにしなくてはいけない．以下の2例はその適用例である．

例 2.1 空気抵抗を受ける雨滴の落下

速度に比例した空気抵抗力を受ける雨滴の落下速度 V は 1 階微分方程式

$$\frac{dV}{dt} + \mu V = g \tag{2.107}$$

で支配される．ここに，μ は空気抵抗のパラメータ，g は重力加速度であり，ともに既知定数である．この微分方程式は重力加速度を非斉次項に持つ「**非斉次の1階微分方程式**」である．

この微分方程式の特解を求めてみよう．まず，斉次微分方程式

$$\frac{dV_h}{dt} + \mu V_h = 0 \tag{2.108}$$

は定数係数の微分方程式であるから，その斉次解は

$$V_h = \exp(-\mu t) \tag{2.109}$$

となる．そこで，未定係数の関数 $A(t)$ を乗じて，特解を次式で仮定する．

$$V_p = A(t)\exp(-\mu t) \tag{2.110}$$

この特解を非斉次の微分方程式(2.107)に代入すると（1階微分方程式であり，斉次解が一つしかないので式(2.97)のような追加条件は必要ない），

$$\begin{aligned}\frac{dV}{dt} + \mu V &= A'(t)\exp(-\mu t) - \mu A(t)\exp(-\mu t) + \mu A(t)\exp(-\mu t) \\ &= A'(t)\exp(-\mu t) = g\end{aligned} \tag{2.111}$$

となる．これは，係数関数 $A(t)$ についての簡単な微分方程式であり，以下のように決定される．

$$A'(t) = g\exp(\mu t) \quad \Rightarrow \quad A(t) = \frac{g}{\mu}\exp(\mu t) \tag{2.112}$$

これを仮定した式(2.110)に代入すると，

$$V_p = A(t)\exp(-\mu t) = \frac{g}{\mu}\exp(\mu t)\exp(-\mu t) = \frac{g}{\mu} \tag{2.113}$$

となる．この結果，特解は定数

$$V_p = \frac{g}{\mu} \tag{2.114}$$

となる．よって，非斉次微分方程式の一般解は

$$V = V_h + V_p = C\exp(-\mu t) + \frac{g}{\mu} \tag{2.115}$$

となる．

問題 [2.4] 式(2.112)の積分に際して，積分定数を加えていないのはなぜだろうか？

例 2.2 バネに吊り下げた錘の運動

バネに吊り下げた錘（おもり）の運動は錘の移動距離 y についての2階微分方程式

$$\frac{d^2 y}{dt^2} + \omega^2 y = g \tag{2.116}$$

で支配される．ここに，ω はバネ・質量系の固有振動数，g は重力加速度である．

この微分方程式もまた重力を非斉次項に持つ非斉次微分方程式であるから，この特解を求めてみよう．まず，斉次微分方程式

$$\frac{d^2 y_h}{dt^2} + \omega^2 y_h = 0 \tag{2.117}$$

は単振動の微分方程式であるから，第 2.3 (1)項(c)の解法に従って解くと，斉次解は

$$y_h(t) = C_1 \sin(\omega t) + C_2 \cos(\omega t) \tag{2.118}$$

となる．そこで，未定係数を変数 t の関数，$A(t), B(t)$ とした特解

$$y_p = A(t)\sin(\omega t) + B(t)\cos(\omega t) \tag{2.119}$$

を仮定する．そして，微分の準備を行う．1階微分は

$$\frac{dy_p}{dt} = \underline{A'(t)\sin(\omega t) + B'(t)\cos(\omega t)} + \omega\{A(t)\cos(\omega t) - B(t)\sin(\omega t)\} \tag{2.120}$$

となる．アンダーライン部をゼロ

$$A'(t)\sin(\omega t) + B'(t)\cos(\omega t) = 0 \tag{2.121}$$

とする条件を導入すれば，1階微分はより簡単な表示式

$$\frac{dy_p}{dt} = \omega\{A(t)\cos(\omega t) - B(t)\sin(\omega t)\} \tag{2.122}$$

となる．これをさらに微分して2階微分を求める．

$$\frac{dy_p^2}{dt^2} = \omega\{A'(t)\cos(\omega t) - B'(t)\sin(\omega t)\} - \omega^2\{A(t)\sin(\omega t) + B(t)\cos(\omega t)\} \tag{2.123}$$

そして，式(2.119),(2.123)を非斉次の微分方程式(2.116)に代入し，整理すると

$$\frac{d^2 y_p}{dt^2} + \omega^2 y_p = \omega\{A'(t)\cos(\omega t) - B'(t)\sin(\omega t)\}$$
$$\underline{-\omega^2\{A(t)\sin(\omega t) + B(t)\cos(\omega t)\} + \omega^2\{A(t)\sin(\omega t) + B(t)\cos(\omega t)\}}$$
$$= g \tag{2.124}$$

となる．上式のアンダーライン部の項は消滅し，係数の勾配についての関係

$$\omega\{A'(t)\cos(\omega t) - B'(t)\sin(\omega t)\} = g \tag{2.125}$$

が得られる．この式と先の仮定式(2.121)から，微分された係数 $A'(t), B'(t)$ についての連立方程式

$$\begin{cases} A'(t)\cos(\omega t) - B'(t)\sin(\omega t) = g/\omega \\ A'(t)\sin(\omega t) + B'(t)\cos(\omega t) = 0 \end{cases} \tag{2.126}$$

が得られる．これを解くと，

$$A'(t) = \frac{g}{\omega}\cos(\omega t), \quad B'(t) = -\frac{g}{\omega}\sin(\omega t) \tag{2.127}$$

となるので，さらに積分すると，未定係数の関数形が決まり，

$$A(t) = \frac{g}{\omega^2}\sin(\omega t), \quad B(t) = \frac{g}{\omega^2}\cos(\omega t) \tag{2.128}$$

となる．これで係数関数が決まったので，特解の仮定式(2.119)に代入すれば，特解が完全に決まる．

$$y_p = A(t)\sin(\omega t) + B(t)\cos(\omega t) = \frac{g}{\omega^2}\sin(\omega t)\sin(\omega t) + \frac{g}{\omega^2}\cos(\omega t)\cos(\omega t) = \frac{g}{\omega^2} \tag{2.129}$$

結局，特解は定数

$$y_p = \frac{g}{\omega^2} \tag{2.130}$$

となる．よって，非斉次微分方程式(2.116)の一般解は斉次解と特解を加えた次式となる．

$$y(t) = y_h + y_p = C_1 \sin(\omega t) + C_2 \cos(\omega t) + \frac{g}{\omega^2} \tag{2.131}$$

(3) 直感による特解の求め方

前項の二つの例題から得られた特解について少し検討してみよう．それぞれの非斉次微分方程式とその特解を並べてみると，次式のようになる．

$$\frac{dV_p}{dt} + \mu V_p = g \quad \Rightarrow \quad V_p = \frac{g}{\mu}$$
$$\frac{d^2 y_p}{dt^2} + \omega^2 y_p = g \quad \Rightarrow \quad y_p = \frac{g}{\omega^2} \tag{2.132}$$

二つの特解は非斉次微分方程式の微分しない左辺第2項と右辺の非斉次項とで決められており，1階，2階の微分項は関係していないようだということに気がつく．そのとおりである．すなわち，特解は右辺の非斉次項を満足すればいいのだから，もし特解が定数ならば，微分項は消滅し，微分しない項のみが残り，右辺の定数である非斉次項と等値関係をつくることができる．そうすると，特解は定数であってもよいことになる．そして，微分方程式の左辺に代入した値が右辺の定数と同じになればよい．

このように微分方程式を眺めて特解を探すことは，非斉次項が簡単な関数であれば，直ちに求められる．例えば，非斉次項が1次関数の2階微分方程式

$$\frac{d^2 f(x)}{dx^2} + \omega^2 f(x) = x \tag{2.133}$$

であったとする．その特解を探すのに次のように考える．「右辺が1次関数だから，特解を変数 x の1次関数と仮定すると，左辺の2階微分項は消滅し，微分しない項はそのまま1次関数として残り，右辺非斉次項の1次関数と一致する．すると，あとは1次関数の係数と ω^2 との積が非斉次項の係数と同じになればよい．非斉次項の係数は"1"だから，特解の係数は $1/\omega^2$ であれば，係数も左右両辺が等しくなる」と考えて式(2.133)の特解は

$$f_p(x) = \frac{1}{\omega^2} x \tag{2.134}$$

となる（これが微分方程式を満足するかどうかは，代入してみればすぐ判明する）．

このように簡単な非斉次項に対応する特解は，前2.4(2)項のように面倒な計算を伴う**「係数変化法」**を適用しなくても"思考実験"（高級な言葉でいえば）で求めることができる．線形微分方程式は解の唯一性が証明されているので，特解は非斉次の微分方程式を満足さえすれば何でもよい．要は見つかりすればよいのである．しかし，考えても特解が見つからない場合には，先述の**係数変化法**を適用して特解を求めるしか方法はない．

問題 [2.5] 定数係数の 2 階の非斉次微分方程式
$$\frac{d^2y(x)}{dx^2}+2b\frac{dy(x)}{dx}+c^2y(x)=q(x)$$
の特解を係数変化法を使わず"思考実験"と少しの計算だけで求めよ．ただし，係数 b,c は微分方程式の特性方程式が重根とならない，$b^2 \neq c^2$ とする．

(1) $q(x)=C$ （定数）の場合
(2) $q(x)=x$ （1 次関数）の場合
(3) $q(x)=x^2$ （べき乗関数）の場合：$y_p(x)=Ax^2+Bx+C$ と仮定したらどうか？
(4) $q(x)=\sin(px)$ （三角関数）の場合：$y_p(x)=A\sin(px)+B\cos(px)$ としたらどうか？
(5) $q(x)=\exp(px)$ （指数関数）の場合

問題 [2.6] 3 階の微分方程式
$$y'''(x)+ay''(x)+by'(x)+cy(x)=q$$
の斉次解を $y_1(x), y_2(x), y_3(x)$ としたとき，特解を求めるために係数の勾配 $A'(x), B'(x), C'(x)$ に関する連立方程式はどのようにして導出されるであろうか？

第3章　速度・加速度と微分

本章では，運動の第二法則，すなわち"$F = m\alpha$"を適用するために必要な速度と加速度の定義について説明を行う．第 3.1 節では直線運動を，また第 3.2 節では回転（円）運動の速度と加速度の定義を行う．ここで気がついて欲しいことは，未知の変位量を微分して速度・加速度を定義するから，速度・加速度も未知量になっている．そして，力学現象をニュートンの運動則に当てはめるときには，速度・加速度を未知変位の微分として扱うことである．これが高校物理と大きく異なるところである．

3.1　直線運動

図 3.1 のように水平に x 軸を取り，物体はこの x 軸上を移動するものとする．物体の位置を x 座標値として表すことにし，動いている物体の位置は時間 t [s] の経過とともに変化するから，物体の位置を表す x 座標値は時間の関数 $x(t)$ となり，長さの次元 [m] を持つ．そこで，この x 座標値を物体の「**移動距離**」もしくは「**変位**」

$$\text{移動距離(変位)} : x(t) \, [\text{m}] \tag{3.1}$$

と呼ぶことにする．これで，物体の位置が時間の"**関数**"として定義されたことになる．

次に，「**速度**」を定義する．図 3.1 に示すように，ある時刻 t と少しだけ経過した時刻 $t + \Delta t$ での物体の移動距離差 Δx を求めると，

$$\Delta x = x(t + \Delta t) - x(t) \tag{3.2}$$

となる．この移動距離の差が微小時間 Δt に生じたのであるから，時刻 t での速度 $v(t)$ は微小時間のゼロ極限を取って定義される．

$$\text{速度}: v(t) = \lim_{\Delta t \to 0} \frac{\Delta x}{\Delta t} = \lim_{\Delta t \to 0} \frac{x(t + \Delta t) - x(t)}{\Delta t} = \frac{dx(t)}{dt} \, [\text{m/s}] \tag{3.3}$$

すなわち，速度は移動距離の時間に関する微分として表される．

時刻 t での「**加速度 $\alpha(t)$**」についても速度の定義と同様に考える．この場合，時刻 t での速度が $v(t)$，時刻 $t + \Delta t$ での速度が $v(t + \Delta t)$ として，加速度は単位時間当たりの速度の変化だから，

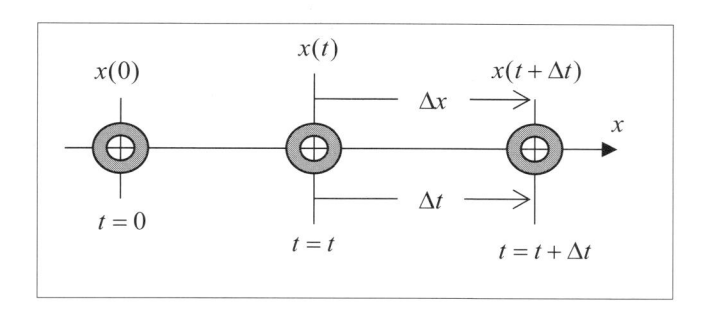

図3.1 直線運動の微小時間変化による位置の変化

$$\text{加速度}：\alpha(t) = \lim_{\Delta t \to 0} \frac{\Delta v}{\Delta t} = \lim_{\Delta t \to 0} \frac{v(t+\Delta t)-v(t)}{\Delta t} = \frac{dv(t)}{dt} = \frac{d}{dt}\left(\frac{dx(t)}{dt}\right) = \frac{d^2 x(t)}{dt^2} \ [\text{m/s}^2]$$
(3.4)

となり，加速度は速度の1回微分としても，また移動距離（変位）の2回微分としても表されることになる．

3.2 円運動

図3.2に示すように物体が半径 r [m] の円周上を動くものとする．この場合，直線運動での移動距離の代わりに，物体の回転位置を示す回転角度 θ を用いることにする．この回転角度は時間の経過とともに変化するから，時間を変数に持つ関数となる．

$$\text{回転角度}：\theta(t) \ [\text{rad}] \tag{3.5}$$

そこで，時刻 t と $t+\Delta t$ での回転角度差から「**角速度**」$\omega(t)$ を以下のように定義する．

$$\text{角速度}：\omega(t) = \lim_{\Delta t \to 0} \frac{\theta(t+\Delta t)-\theta(t)}{\Delta t} = \frac{d\theta(t)}{dt} \ [\text{rad/s}] \tag{3.6}$$

前節の速度と同じく，角速度は回転角度の微係数として定義される．

次に，「**角加速度**」α_ω は微小時間での角速度の変化割合，すなわち角速度の微係数

$$\text{角加速度}：\alpha_\omega(t) = \lim_{\Delta t \to 0} \frac{\omega(t+\Delta t)-\omega(t)}{\Delta t} = \frac{d\omega(t)}{dt} = \frac{d^2\theta(t)}{dt^2} \ [\text{rad/s}^2] \tag{3.7}$$

として定義される．

円運動の場合には，物体は円周上を移動し，移動距離は $l = r\theta(t)$ であるから，速度と

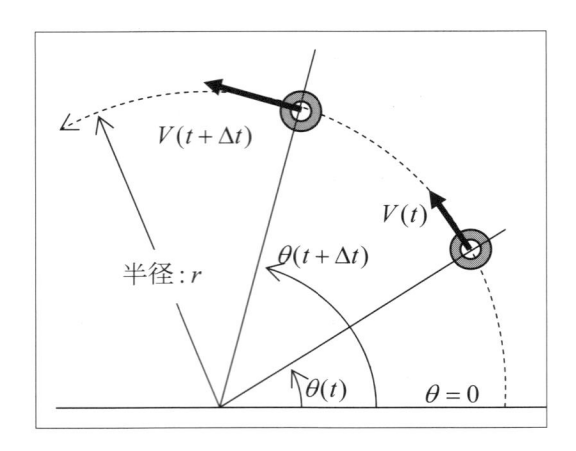

図 3.2 円運動の微小時間変化による回転角度の変化

加速度はその円周上の接線方向に向いているものと考える．そして，「**周速度**」は

$$\text{周速度}: V(t) = \frac{dl(t)}{dt} = \frac{d\{r\theta(t)\}}{dt} = r\frac{d\theta(t)}{dt} = r\omega(t) \ [\text{m/s}] \tag{3.8}$$

となる．「**周加速度**」は

$$\text{周加速度}: \alpha(t) = \frac{dV(t)}{dt} = r\frac{d\omega(t)}{dt} = r\frac{d^2\theta(t)}{dt^2} \ [\text{m/s}^2] \tag{3.9}$$

として定義される．

3.3 微分の呼称

　速度，加速度は移動距離（変位）の微分として表される．ところが，私たちは日頃，何げないことにも「＊＊速度」という言葉を使っている．また，数学的には微分なのだが，用語としては微分という言葉を用いない場合が多い．ここでは，数学的には微分であるが，用語が異なる例を示しておく．

① 関数値 f が移動距離[m]，変数 t が時間[s]： $f(t) \Rightarrow \dfrac{df(t)}{dt}$ ：「**速度**」

② 関数値 v が速度[m/s]，変数 t が時間[s]： $v(t) \Rightarrow \dfrac{dv(t)}{dt}$ ：「**加速度**」

③ (x, y) 平面内で関数値が y，変数が x の曲線： $y(x) \Rightarrow \dfrac{dy(x)}{dx}$ ：「**勾配**」＝「**微係数**」

④ 関数値 T が温度 [K]，変数 x が位置（場所）[m]：$T(x) \Rightarrow \dfrac{dT(x)}{dx}$：**「温度勾配」**

⑤ 関数値 N が人口 [人]，変数 t が西暦年 [年]：$N(t) \Rightarrow \dfrac{dN(t)}{dt}$：**「人口増加率」**

⑦ 関数値 C が濃度（塩や薬品）[%]，変数 x が位置（場所）[m]：$C(x) \Rightarrow \dfrac{dC(x)}{dx}$

：**「濃度勾配」**

微分された物理量には，微分係数，微係数，速度，勾配，（増加）率など，様々な呼称が使われており，物理現象に合わせて呼び名が異なっているが，数学的には単に微分のことである．今後の応用例題では，適宜，都合のよい用語が使われるので気をつけておこう．

3.4　ニュートンの運動則

運動の法則は

　　　　① 慣性の法則，　　② 運動の法則，　　③ 作用・反作用の法則

から成り立っている．このうち，数式表現となるのは第二の法則である．これは，図 3.3 のように説明されている．すなわち，

「質量 m [kg] の物体に力 F [N] が作用すると，その物体には力の向きに加速度 α [m/s^2] が生じる（動くこと！）」

$$m\boldsymbol{\alpha} = \boldsymbol{F} \quad (\text{加速度 } \boldsymbol{\alpha} \text{ の方向と力 } \boldsymbol{F} \text{ の方向は一致}) \tag{3.10}$$

この法則は，運動する物体の瞬間，瞬間で成立していることを記憶して欲しい．そして，物体が (x, y) 平面内で任意の方向に移動する場合，作用する力と生じる加速度も各座標軸方向に分解してこの運動則 (3.10) を適用する．すなわち，x 座標軸および y 座標軸上の

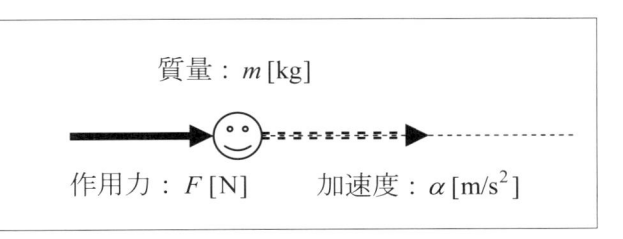

図 3.3　運動の第二法則

移動距離を各座標値とすれば，その距離は時間 t によって変化するから，それぞれが時間の関数 $x(t), y(t)$ となる．そして前 3.1 節での定義によって，各座標軸方向の速度と加速度は移動距離の時間に関する微分

$$x\text{軸方向速度}: v_x = \frac{dx(t)}{dt}, \qquad y\text{軸方向速度}: v_y = \frac{dy(t)}{dt}$$
$$x\text{軸方向加速度}: \alpha_x = \frac{dv_x(t)}{dt} = \frac{d^2x(t)}{dt^2}, \quad y\text{軸方向加速度}: \alpha_y = \frac{dv_y(t)}{dt} = \frac{d^2y(t)}{dt^2}$$
(3.11)

となる．物体に作用する外力 **F** も座標軸方向の成分，

$$\mathbf{F} \equiv (F_x, F_y) \tag{3.12}$$

に分解され，運動の第二法則は各座標軸方向の運動則となる．すなわち，

$$m\alpha_i = F_i \; ; \quad i = x, y \tag{3.13}$$

である．ここで注意することは，質量は力や加速度の方向にもかかわらず同じである．これは，座標軸方向の力がその物体を座標軸方向に運動を生じさせると考えるからである．なお，下添字 x, y がそれぞれの方向を示すことにしている．

3.5　回転運動の運動方程式

ニュートンの運動則はどのような運動にも適用される．しかし，回転運動に限定した場合には，運動則の簡単な表現が可能となる．

図 3.4 に示すように，半径 r [m] の円周上を動く質量 m [kg] の物体に接線方向に力 F [N] が作用し，力と同じ向きの円周方向の加速度 α [m/s²] が生じたものとすれば，ニュートンの運動則によって次の関係

$$m\alpha = F \tag{3.14}$$

が成立する．このとき，周方向加速度は，式(3.9)から

$$\alpha = r\frac{d\omega}{dt} = r\frac{d^2\theta}{dt^2} \tag{3.15}$$

となる．これを運動則である式(3.14)に代入し，両辺に回転半径 r を乗じると，

$$mr^2\frac{d^2\theta}{dt^2} = F \cdot r \tag{3.16}$$

となる．ここで，上式右辺の $F \cdot r$ は回転中心（軸）回りの**モーメント** M であるから，

$$M = F \cdot r \, [\text{N} \cdot \text{m}] \tag{3.17}$$

3.5 回転運動の運動方程式

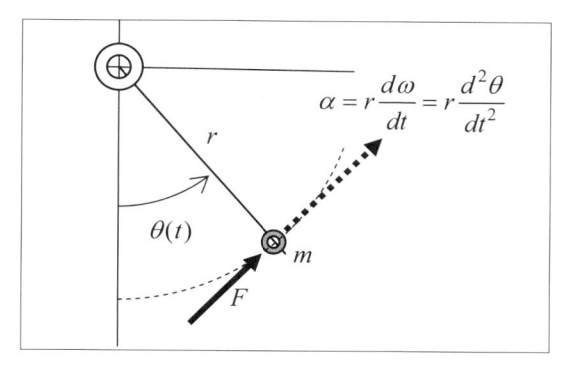

図 3.4 回転運動の作用力と加速度

と置く．そして，左辺の係数部，mr^2（質量×回転半径の2乗）を「**慣性モーメント**」と名づけ，記号 $I\,[\text{kg}\cdot\text{m}^2]$

$$I = mr^2 \tag{3.18}$$

を導入すると，運動方程式(3.16)はモーメントと回転の角加速度との関係式

$$I\frac{d^2\theta}{dt^2} = M \tag{3.19}$$

に書き直される．通常，この式(3.19)を"**回転の運動方程式**"と呼んでいる．すなわち，回転運動では，

"作用モーメント ＝ 慣性モーメント×角加速度"

となる．これは，直線運動のニュートンの第二法則よく似た関係式であり，慣性モーメントが質量に対応している．両者を比較すると，表 3.1 のようになる．

表 3.1 直線運動と回転運動の比較

運　　動	作用するもの	対象物	生じるもの
直線運動 移動距離 $x(t)\,[\text{m}]$	力 $F\,[\text{N}]$	質量 $m\,[\text{kg}]$	加速度 $\dfrac{d^2x(t)}{dt^2}\,[\text{m/s}^2]$
回転運動 回転角度 $\theta(t)\,[\text{rad}]$	モーメント $M\,[\text{N}\cdot\text{m}]$	慣性モーメント $I\,[\text{kg}\cdot\text{m}^2]$	角加速度 $\dfrac{d^2\theta(t)}{dt^2}\,[\text{rad/s}^2]$

3.6 様々な物理則の要約

本節では，後章の解析で利用されるいくつかの法則とその数式表現を羅列する．

① フックの法則

「バネに作用した力 f [N] とバネの伸び x [m] は比例する」

$$f = kx \tag{3.20}$$

ここに，比例係数である**バネ定数** k の単位（次元）は [N/m] である．

② 空気抵抗力

(a)「空気抵抗力 f [N] は物体の移動速度 V [m/s] に比例する」

$$f = C_D V \tag{3.21}$$

ここに，**抵抗係数** C_D の単位は [N·s/m] である．

(b)「空気抵抗力 f [N] は物体の移動速度 V [m/s] の 2 乗に比例する」

$$f = DV^2 \tag{3.22}$$

この場合，**抵抗係数** D の単位は $[N/(m/s)^2] = [N·s^2/m^2]$ である．

③ 熱伝導のフーリエの法則

「単位時間に単位面積の壁を通して流れる熱量 q [J/(m²s)] は壁の温度勾配 $\dfrac{dT(x)}{dx}$ [K/m] に比例する」

$$q = -k \frac{dT}{dx} \tag{3.23}$$

ここに，「**熱伝導率**」と名づけられた比例定数 k の単位は [J/(K·m·s)] である．

④ 摩擦抵抗力

「摩擦抵抗力 f [N] は壁（床）面を垂直に押す力 F [N] に比例する」

$$f = \mu F \tag{3.24}$$

ここに，摩擦抵抗力 f と垂直力 F は直交している．摩擦抵抗力の特徴は動く物体の速度には無関係であり，物体が静止や運動に関わりなく床や壁に作用する垂直抗力の大きさに比例するだけである．しかも，常に物体の運動に逆らう方向に作用する（図 3.5）．ま

た，摩擦係数 μ には単位がなく，静止状態の摩擦係数を"**静（止）摩擦係数**"，運動状態の摩擦係数を"**（運）動摩擦係数**"と呼ぶ．本書では，静止摩擦係数を"μ_s"，動摩擦係数を"μ_d"として下付き添字 s, d で摩擦係数を区別する．

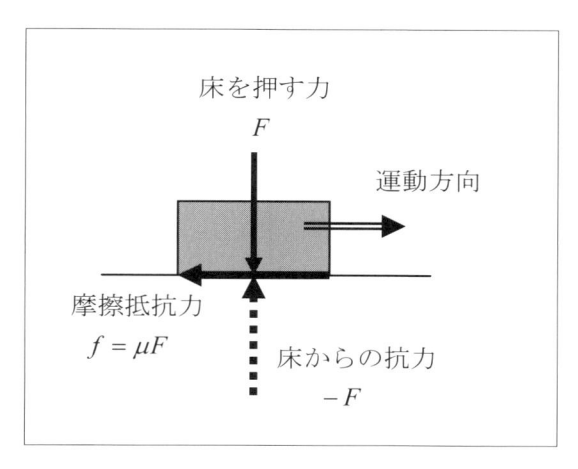

図 3.5 摩擦抵抗力の作用方向

⑤ タンク底からの流出速度

図 3.6 のような貯水タンク内の水面が高さ H [m] のとき，底穴から流出する水（流体）の流出速度 V [m/s] は次式で与えられる．

$$\text{流出速度}: V = \sqrt{2gH} \tag{3.25}$$

ここに，g [m/s^2] は重力加速度である．この流出速度式は「**トリチェリーの原理**」とも呼ばれている．

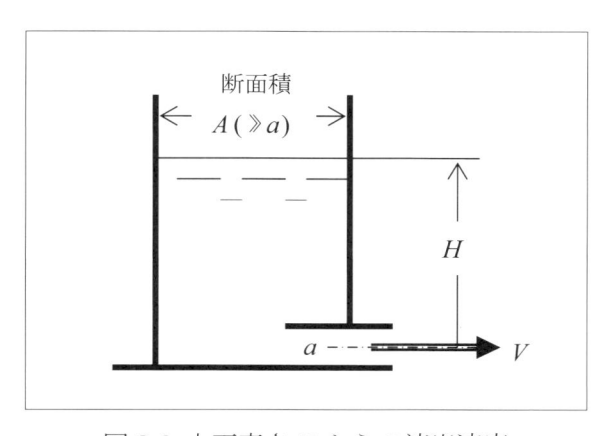

図 3.6 水面高さ H からの流出速度

⑥ 仕事量

仕事量とは，作用力とそれが物体に作用しながら移動した距離との積である．作用力を f [N]，作用力が移動した距離を L [m] とすれば，仕事量 W [N·m] は

$$W = f \cdot L \tag{3.26}$$

と定義される．仕事量の単位は〔J（ジュール）= N·m〕である．なお，エネルギーも仕事量と同じ単位である．

⑦ エネルギー

力学的エネルギーには2種類ある．位置（ポテンシャル）エネルギー E [N·m] と運動エネルギー K [N·m] である．重力場 g [m/s^2] にある質量 m [kg] の物体が基準位置よりも高さ h [m] の位置にあれば，この物体は<u>基準位置に対して</u> **位置エネルギー**

$$E = mgh \tag{3.27}$$

を有する（保持している）という．また，質量 m [kg] の物体が速度 v [m/s] で運動しているならば，この物体は**運動エネルギー**

$$K = \frac{1}{2}mv^2 \tag{3.28}$$

を持っているという．

⑧ バネに蓄えられるエネルギー

バネ定数 k [N/m] のバネが基準長さ（自然長）から x [m] 伸ばされた状態にあるとき，このバネは自然長に戻ることができるので，**ポテンシャルエネルギー** E [N·m]

$$E = \frac{1}{2}kx^2 \tag{3.29}$$

を持っているという．

⑨ 運動量と力積

加速度を速度の微分として表したニュートンの第二法則

$$F = m\frac{dv}{dt} \tag{3.30}$$

を

$$Fdt = mdv \tag{3.31}$$

と書き直すと，左右両辺は時間と速度の微小変化量にそれぞれ分けられる．

これは，力 F が dt 時間作用したら，質量 m の物体の速度が dv だけ変化したことを示す．そして，左辺の Fdt を「**力積（力×作用時間）**」，右辺 mdv を「**運動量（質量×速度）**」と名づけて，「**力積と運動量は等しい**」という関係を示す．なお，時間と速度の微小変化をデルタで表して，

$$F\Delta t = m\Delta v \tag{3.32}$$

運動量と力積との関係とする場合が多いが，どちらも同じことである．

問題 [3.1] アルキメデスの原理とは「浮力は物体が押しのけた流体の重量に等しい」ということである．いま，密度 ρ [kg/m³] の液体中に図 3.7(a)のように断面積 A [m²]，長さ L [m] の棒が x [m] 沈んで静止している．また，図 3.7(b)では半径 r [m] の球が中心から y [m] 沈んで静止している．重力加速度を g [m/s²] として，それぞれの物体が受ける浮力 f [N] を求めよ．

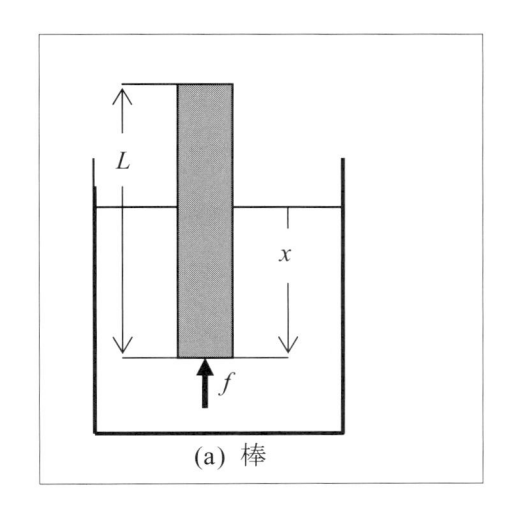

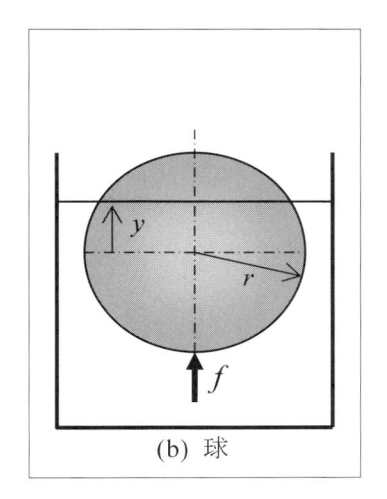

図 3.7 浮力を受ける棒と球

第4章　落下運動

　本章では，ニュートンの運動則を適用して落下運動の微分方程式を導出し，それを解いて現象を明らかにする．本章の例題は，基本的には高校物理の例題と変わりないが，微分方程式を利用することが大きな相違である．微分方程式を利用した解析法が本来のニュートン力学であり，公式を暗記する必要などまったくない．自分で必要な公式を導き出せばよいのである．

4.1　落下の微分方程式

　図 4.1 に示すように，質量 m [kg] の物体が落下する問題を考える．物体が落下するとき，私たちが知りたいことは，①何秒経過したら地面に衝突するのか，②衝突するときの速度はいくらか，などである．これらの疑問に答えるには，何がわかっていればいいのだろうか？　それは，落下を始めた位置からの落下距離（変位）の時間による変化である．これさえわかれば，衝突時間も衝突速度も導出できるからである．

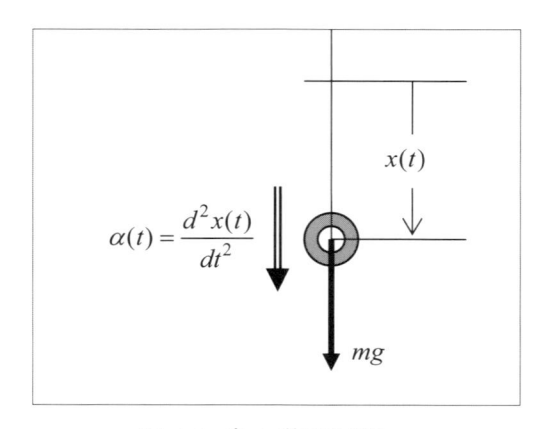

図 4.1　自由落下運動

　では，落下運動をどのように考えたらいいのだろうか？　そこで，図 4.1 を再度眺める．すると，落下とは物体が上から下に向かって移動していく"直線運動"であることに気づく．そして，すべての運動はニュートンの運動則に従うのだから，運動の第二法則，

式(3.10)が常に成立していなくてはならない．すなわち，ニュートンの運動則である式(3.10)を落下する物体に当てはめればよいのである．この運動則を当てはめるには，①対象となる物体の質量，②作用する力，③生じる加速度が与えられなければならない．

もう一度図 4.1 を見れば，対象となる物体の質量は m [kg] であることがわかる．次に，その物体の加速度は？と考える．加速度そのものはわからないが，物体の落下距離を x [m] とすれば，落下距離は時間の経過とともに変化するのだから，落下距離は時間を変数に持つ関数 $x(t)$ ということになる．すると，この時点では落下距離 $x(t)$ の具体的な関数形は不明だが，それを微分して速度，加速度を表現することができる．すなわち，未知の関数である落下距離 $x(t)$ を用いて，物体の加速度を第 3.1 節のように微分して表すことができる．すると，わからないながらも，時刻 t での落下物体の速度 $v(t)$ と加速度 $\alpha(t)$ は落下距離の微分

$$v(t) = \frac{dx(t)}{dt}, \quad \alpha(t) = \frac{dv(t)}{dt} = \frac{d^2 x(t)}{dt^2} \tag{4.1}$$

として表すことができる．

次に，この落下物体に作用する力は何であろうか？作用する力は見えないが，重力によって物体が落下するのだから，重力が物体を下に引いていることになる．この重力による引力 mg [N] が目には見えないけれど，物体に作用している．これが作用力となる．

そこで，ニュートンの運動則に合わせて質量，加速度，作用力を書くと，

$$\begin{array}{ccc} m & \alpha & = F \\ \Downarrow & \Downarrow & \Downarrow \end{array}$$
$$m \frac{d^2 x(t)}{dt^2} = mg \tag{4.2}$$

となる．これは，落下距離 $x(t)$ を未知関数とする微分方程式になっている．通常，このような未知変位（落下距離）の微分を含んだ運動の第二法則を「**運動方程式**」と呼ぶ．この運動方程式の両辺を質量で割ると，落下距離 $x(t)$ に関する簡単な2階微分方程式となる．

$$\frac{d^2 x(t)}{dt^2} = g \tag{4.3}$$

このようにして，ニュートンの運動則から微分方程式が導出されるのである．この微分方程式は極めて簡単なものであるから，第 2.1 節の解法に従い，これを順次積分することで，速度

$$v(t) = \frac{dx(t)}{dt} = gt + c_1 \tag{4.4}$$

と落下距離

$$x(t) = \frac{1}{2}gt^2 + c_1 t + c_2 \tag{4.5}$$

が求められる．

　これで微分方程式(4.3)は解けた．しかし，積分定数（「未定係数」と呼ぶことが多い）c_1, c_2 が未定のままでは，落下運動の具体性がない．この積分定数をきちんと決める必要がある．そのためには，何らかの条件を与えなくてはならない．よく考えると，これまで物体が落下するとはいうものの，何時，どこから落下を始めるのか？　また，落下を開始するときはどのような状態なのか，まったく触れていなかった．したがって，このような落下開始の条件を与えなくてはならない．そして積分定数が二つあるから，二つの条件が必要となる．この微分方程式の解に含まれる積分定数（未定係数）を決めるための条件が「**初期条件**」と呼ばれる．ここでは，変数が時間であるから初期条件と名づけるが，変数が位置の場合には「**境界条件**」と名づけている．

　さて，この初期条件は個々の具体例ごとに異なるので，以下ではより具体的な落下運動について初期条件を与え，積分定数を決定する．

4.2　自由落下

　落下開始時刻を $t=0$ とし，このとき速度も落下距離もゼロとする．すなわち，完全に静止した状態から落下が開始される．このような落下を「**自由落下**」と呼ぶ．そして，この場合の初期条件は速度と落下距離について，次式のように表される．

$$v(0) = 0, \quad x(0) = 0 \,; \quad t = 0 \tag{4.6}$$

このように，初期時刻で速度と移動距離がゼロの初期条件を「**完全静止条件**」とも呼んでいる．速度と落下距離の一般式(4.4),(4.5)に，この初期条件式(4.6)を当てはめると，

$$v(0) = c_1 = 0, \quad x(0) = c_2 = 0 \tag{4.7}$$

となる．すなわち，積分定数がともに消滅（ゼロ）することになり，自由落下の速度と落下距離は時間の関数として完全に決定される．

$$v(t) = gt, \quad x(t) = \frac{1}{2}gt^2 \tag{4.8}$$

これで，自由落下運動が完全に決定されたことになる．すなわち，微分方程式(4.3)を完全に解いたことになる．以下は，この解に基づいて落下現象を調べる作業である．

(1) 速度と落下距離との関係

まず，式(4.8)の2式から時間変数を消去すると，高校物理で習ったものと同じ速度と落下距離との関係が得られる．

$$v = \sqrt{2gx}, \quad x = \frac{v^2}{2g} \tag{4.9}$$

(2) エネルギー

自由落下では，落下当初の速度はないから物体はまったく運動エネルギーを持っていない．しかし，落下によって物体の位置エネルギーが失われ，その失われた位置エネルギーが落下する物体の運動エネルギーに変換されるはずである．これを数式的に確認してみよう．

いま，ある時刻 t の落下距離 $x(t)$ は式(4.8)で与えられるから，失った位置エネルギー E の時間変化は

$$\text{位置エネルギー}: E = mgx(t) = \frac{1}{2}m(gt)^2 \tag{4.10}$$

となる．また，この時の速度 $v(t)$ も式(4.8)で与えられるから，物体の持つ運動エネルギー K の時間変化は

$$\text{運動エネルギー}: K = \frac{1}{2}mv^2(t) = \frac{1}{2}m(gt)^2 \tag{4.11}$$

となる．位置・運動エネルギーともに，右辺の時間変化は同じであるから，

失った位置エネルギー ＝ 運動エネルギー

が確認される．

また，このエネルギーの関係 $E \equiv K$ から

$$gx(t) = \frac{1}{2}v^2(t) \tag{4.12}$$

となり，速度と落下距離との関係式(4.9)が導出される．

4.3 初速度のある落下運動

(1) 下向き初速度

初期条件として，物体は落下開始前に速度 V_0 で下向きに既に運動しており，開始時刻の位置が座標原点であったとすれば，初期条件は

$$v(0) = V_0, \quad x(0) = 0 ; \quad t = 0 \tag{4.13}$$

である．この初期条件を速度と落下距離の一般式(4.4),(4.5)に当てはめると，

$$v(0) = c_1 = V_0, \quad x(0) = c_2 = 0 \tag{4.14}$$

となって積分定数が決まり，速度と落下距離の具体的表示式が決まる．

$$v(t) = gt + V_0, \quad x(t) = \frac{1}{2}gt^2 + V_0 t \tag{4.15}$$

自由落下のときと同じように，式(4.15)の2式から時間 t を消去して速度と落下距離との関係を求めると，

$$v = \sqrt{2gx + V_0^2}, \quad x = \frac{v^2 - V_0^2}{2g} \tag{4.16}$$

となる．

この速度と落下距離との関係式を自由落下の式(4.9)と比較すると，明らかに初速度がない場合には完全に一致する．すなわち，初速度を持つ落下運動がより一般的であり，自由落下は特殊な場合ということになる．

① エネルギーバランス

物体に初速度 V_0 があれば，落下開始時には既に運動エネルギー

$$\text{初期運動エネルギー}: K_0 = \frac{1}{2}mV_0^2 \tag{4.17}$$

を持っていることになる．この初期運動エネルギーと落下によって失われた位置エネルギー

$$\text{位置エネルギー}: E = mgx(t) = mg\left(\frac{1}{2}gt^2 + V_0 t\right) \tag{4.18}$$

の和

$$K_0 + E = \frac{1}{2}m\left(V_0^2 + 2V_0 gt + (gt)^2\right) = \frac{1}{2}m(gt+V_0)^2 \tag{4.19}$$

が落下する物体の運動エネルギーとなっているはずである．そこで，式(4.15)の第1式を使って運動エネルギーを求めると，

$$\text{運動エネルギー}: K = \frac{1}{2}mv^2(t) = \frac{1}{2}m(gt+V_0)^2 \tag{4.20}$$

となり，式(4.19)と式(4.20)は等しくなる．すなわち，

$$K_0 + E = \frac{1}{2}m(gt+V_0)^2 \equiv K \tag{4.21}$$

「当初の運動エネルギー ＋ 失った位置エネルギー ＝ 運動エネルギー」

となる．よって，エネルギーバランスが式でちゃんと示せた！

(2) 上向き初速度

落下開始時には，物体は上向きに速度V_0で運動しているものとする（落下していない！初速度V_0で上向きに放出！）．この場合，落下方向とは反対方向に初速度があるので初期速度は負の値となり，初期条件は

$$v(0) = -V_0, \quad x(0) = 0; \quad t = 0 \tag{4.22}$$

となる．この初期条件を式(4.4),(4.5)の一般解に当てはめると，

$$v(0) = c_1 = -V_0, \quad x(0) = c_2 = 0 \tag{4.23}$$

となるから，速度と落下距離が決まり，時間変数を消去すると，その関係も決まる．

$$v(t) = gt - V_0, \quad x(t) = \frac{1}{2}gt^2 - V_0 t \;\Rightarrow\; x(t) = \frac{v^2(t) - V_0^2}{2g} \tag{4.24}$$

これで運動の時間変化が確定したから，その時間変化のグラフを描いて，運動の様相を調べてみよう．まず，速度は$t = V_0/g$を境に負から正へと変わっているから，図を描きやすくするために，落下距離の表示式を少し変形してから検討を行う．因数分解と2次形式に変形された落下距離は

$$x(t) = \frac{1}{2}gt\left(t - \frac{2V_0}{g}\right) = \frac{1}{2}g\left(t - \frac{V_0}{g}\right)^2 - \frac{V_0^2}{2g} \tag{4.25}$$

となる．この速度と落下距離の時間変化は，図4.2に示すとおりである．すなわち，物体は速度V_0で上向きに運動を開始し，時刻$t = V_0/g$で最高高さ$V_0^2/2g$に達したあと，時刻$t = 2V_0/g$のときには下向きV_0の速度で落下する．基準位置$x = 0$では，上下の違いは

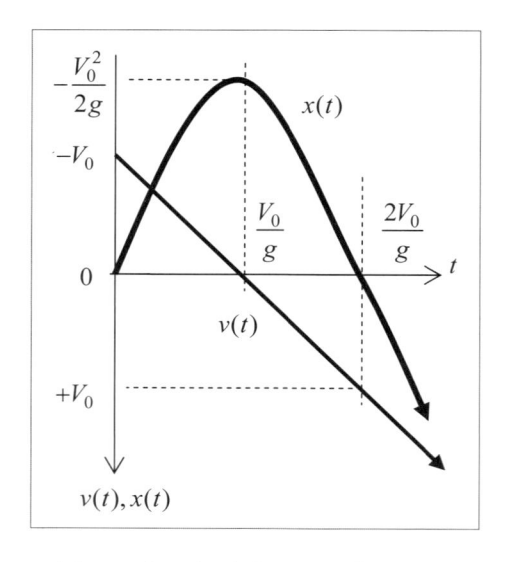

図 4.2 上向初速度による落下運動

あるが，ともに速度は初速度と同じ V_0 である．そこで，式(4.24)の速度と落下距離が時間差 $t = 2V_0/g$ を持つように変形し，下向き初速度の結果である式(4.15)と比較すると，次式のようになる．

$$\text{上向初速度}\,V_0: v(t) = g\left(t - 2V_0/g\right) + V_0, \quad x(t) = \frac{1}{2}g\left(t - 2V_0/g\right)^2 + V_0\left(t - 2V_0/g\right)$$

$$\text{下向初速度}\,V_0: v(t) = gt + V_0, \qquad\qquad x(t) = \frac{1}{2}gt^2 + V_0 t$$

(4.26)

結局，上向初速度の場合，アンダーライン部の時間差 $2V_0/g$ のズレがあるだけで（時間変数について座標移動したのと同じ），落下速度と落下距離に相違はない．初速度の上下方向にかかわらず，落下する速度と距離は同じであるという面白い結果になった．このことは，速度と距離との関係式(4.16)中の初速度が2乗の形のみで含まれることと同じである．したがって，上に投げようと，下に投げようと，基準位置から下に物体が落下しているときの速度と落下距離は初速度の方向に関係しない．

問題 [4.1] 摩擦や質量のない滑車に掛けたロープを介して質量の異なる二つの物体が図 4.3 のように上下に運動をする．各質量を $M, m\,[\text{kg}]\,(M > m)$ とし，運動開始時には重い物体 M が滑車の位置にあり，優しく手を離して落下させるものとする．重力加速度を $g\,[\text{m/s}^2]$ として，以下の問いに答えよ．

(1) 物体の移動距離を $y(t)$ [m] として，各物体の運動方程式を導け．

(2) ロープの張力 T [N] を求めよ．

(3) 物体の運動を調べ，軽い物体が滑車に衝突するときの速度を求めよ．

(4) 直径を D [m] とした滑車の回転角速度 $\omega(t)$ [rad/s] の時間変化を求めよ．

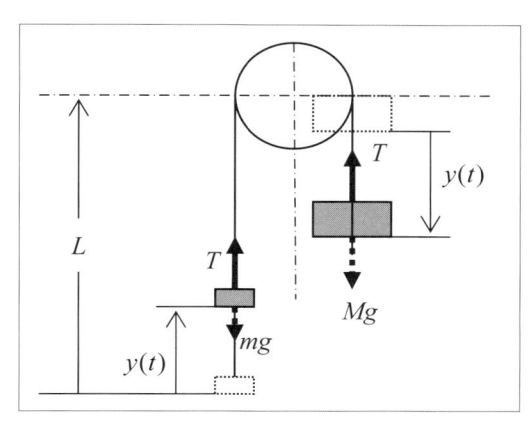

図 4.3 滑車を介した 2 物体の上下運動

第5章　垂直上昇運動

地上から真上に向かって質量 m [kg] の物体を投げ上げる場合について検討する．図5.1のように，地上を基準位置 $x=0$ として，上向に移動距離である座標 x を取る．移動距離は時間によって変化するから，ある時刻 t での地上からの距離は時間の関数 $x(t)$ となる．この時刻での上向き加速度は

$$\alpha(t) = \frac{d^2 x(t)}{dt^2} \tag{5.1}$$

であり，この物体には重力 mg が下向きに作用する．したがって，ニュートンの第二法則に当てはめると，移動距離 $x(t)$ に関する簡単な微分方程式となる．

$$m\frac{d^2 x(t)}{dt^2} = -mg \tag{5.2}$$

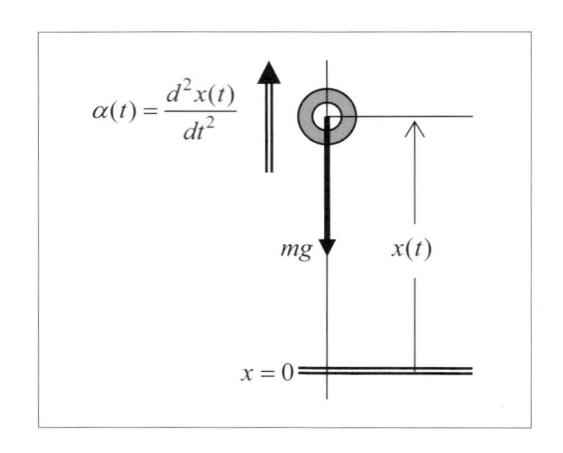

図5.1　投げ上げ運動

　これが上向運動，すなわち投げ上げの運動方程式であり，上昇距離 $x(t)$ についての微分方程式となっている．前章の落下運動との相違は重力の符号が異なっているのみである．これは，移動距離を上向きに取ったので，物体の加速度も上向きが"正"ということになり，加速度と作用力である重力との方向が異なっているからである．
　上昇距離の微分方程式を簡潔にするために，式(5.2)の両辺を質量で割る．

$$\frac{d^2 x(t)}{dt^2} = -g \tag{5.3}$$

そして，順次積分を行うと，速度と上昇距離の一般解は

$$v(t) = \frac{dx(t)}{dt} = -gt + c_1, \quad x(t) = -\frac{1}{2}gt^2 + c_1 t + c_2 \tag{5.4}$$

となる．あとは，初期条件を与えて積分定数 c_1, c_2 を決めれば，運動の様相が確定する．

5.1 投げ上げ初速度

積分定数を決めるために投げ上げ開始時の条件，すなわち初期条件を与える．ここでは，初速度 V_0 で投げ上げるものとすれば，初期条件は次式となる．

$$v(0) = V_0, \quad x(0) = 0 \; ; \; t = 0 \tag{5.5}$$

速度と位置の一般式(5.4)にこの初期条件を適用すると，積分定数が決まる．

$$v(0) = c_1 = V_0, \quad x(0) = c_2 = 0 \tag{5.6}$$

この定数を式(5.4)に代入すると，時間を変数とした速度と上昇距離が完全に決まる．

$$v(t) = V_0 - gt, \quad x(t) = V_0 t - \frac{1}{2}gt^2 \tag{5.7}$$

上式(5.7)から時間変数を消去し，速度と上昇距離との関係を求めると，

$$v = \sqrt{V_0^2 - 2gx}, \quad x = \frac{V_0^2 - v^2}{2g} \tag{5.8}$$

となる．

この速度と上昇距離との関係をそのまま鵜呑みにはできない．なぜなら，速度では根号内の符号が負となり虚数の速度に，また上昇距離も負となり地下に潜るようなことが生じそうだからである．このような場合には，当然 微分方程式の解である速度と距離の時間変化式(5.7)に戻って検討する必要がある．

式(5.7)の速度は時刻 $t = V_0/g$ でゼロとなる．上昇距離は2次形式と因数分解に書き直して図を描きやすくする．

$$v(t) = g\left(\frac{V_0}{g} - t\right), \quad x(t) = -\frac{1}{2}g\left(t - \frac{V_0}{g}\right)^2 + \frac{V_0^2}{2g} = -\frac{1}{2}gt\left(t - \frac{2V_0}{g}\right) \tag{5.9}$$

この時間変化は，図5.2に示すとおりである．すなわち，初速度 V_0 で上昇した物体は時

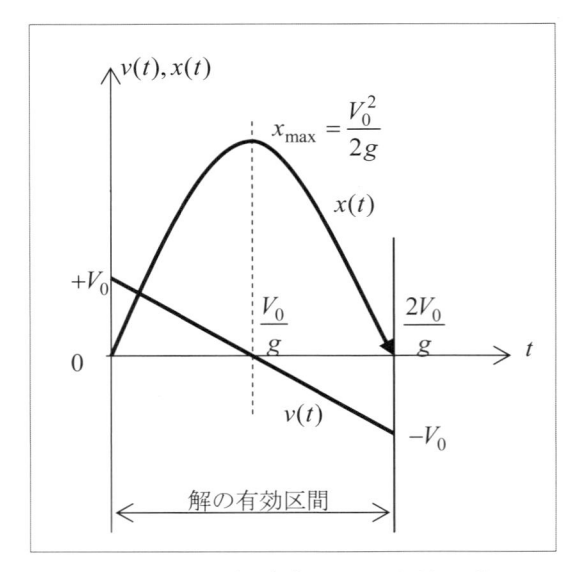

図 5.2 上向初速度による上昇運動

刻 $t = V_0/g$ で速度はゼロとなるが，最高投げ上げ高さ

$$x_{\max} = x(V_0/g) = \frac{V_0^2}{2g} \tag{5.10}$$

に達する．その後，速度が負となって落下し，時刻 $t = 2V_0/g$ には上昇距離がゼロ，すなわち地上に戻る．地上に戻ったときの速度は下向きに初速度と同じ V_0 であり，投げ上げた速度で地上に戻ってくることになる．したがって，地上に戻ったあとは地面に衝突したり，何かに受け止められたりするが，この解析では空中での運動を扱っており，上昇距離は"正"の範囲に限定されるので，微分方程式の解である式(5.7)は時間区間

$$0 \leq t \leq \frac{2V_0}{g} \tag{5.11}$$

でのみ有効ということになる．この有効時間内では，式(5.8)の速度の根号内も負にならないし，上昇距離も正となる．このように，微分方程式の解は物理的条件でさらに制約を与えられるのである．ここが，数学だけの解法とは大きく異なるところである．われわれは物理を見ているのであり，架空の数学で遊んでいるのではない！

(1) エネルギーバランス

エネルギーについて検討を行う．初期エネルギーは初速度 V_0 で投げ上げられるから，初期運動エネルギー

$$\text{初期投げ上げ運動エネルギー}: K_0 = \frac{1}{2}mV_0^2 \tag{5.12}$$

を持つ．また，地上を基準位置としているから，初期の位置エネルギーはなく，ゼロということになる．したがって，物体に加えられるエネルギーは，この初期運動エネルギー K_0 のみとなる．

これに対して，時刻 t での高さ $x(t)$ の位置を速度 $v(t)$ で運動している物体は

$$\text{位置エネルギー}: E = mgx(t) = mg\left(V_0 t - \frac{1}{2}gt^2\right) \tag{5.13}$$

と

$$\text{運動エネルギー}: K = \frac{1}{2}mv^2(t) = \frac{1}{2}m(V_0 - gt)^2 \tag{5.14}$$

を持つ．

そこで，エネルギーバランス

初期投げ上げ運動エネルギー ＝ 上昇位置エネルギー＋運動エネルギー

を確認するために，運動エネルギー K と位置エネルギー E の和を求めて整理すると，

$$\begin{aligned}
E + K &= mg\left(V_0 t - \frac{1}{2}gt^2\right) + \frac{1}{2}m(V_0 - gt)^2 \\
&= \frac{1}{2}m\left\{2V_0 gt - (gt)^2 + V_0^2 - 2V_0 gt + (gt)^2\right\} \\
&= \frac{1}{2}mV_0^2 \equiv K_0
\end{aligned} \tag{5.15}$$

となる．このエネルギーの和は初期投げ上げエネルギーそのものであり，エネルギーバランスが確認された．

5.2　推　進　力

前 5.1 節では，初速度が与えられた物体の運動であった．しかし，よく考えると最初から物体に速度を与えることは大変難しい．初速度よりもロケットのように推進力として"**力**"を与える方が実際上わかりやすいし，技術的にも簡単である．そこで，推進力が与えられた物体はどのように運動するのか？　これを考えてみよう．

推進力は，ロケットのように自分自身が出した燃焼ガスの噴出力が反作用としてロケット自身に作用する力であるから，運動方程式を考える際には作用力とみなすことにな

る．また，永遠に推進力が作用することはないので，推進力はある時間だけ作用し，その後は推進力のない状態になることが予想される．本節では，簡単なモデルとして，推進力は図 5.3 のように同じ大きさ F [N] で時刻 $t=0$ から $t=T$ [s] まで作用するものと考える．すると，①物体に作用する力は推進力と重力の二つが同時に作用する時間区間の運動と，②推進力がなくなったあとの重力のみが作用する運動とに分割して検討されなければならない．

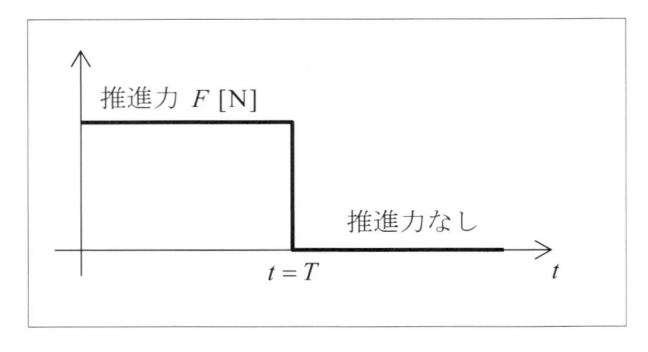

図 5.3 推進力の時間変化

推進力が作用している時間区間の上昇距離を $x_1(t)$ [m]，推進力がなくなったあとの上昇距離を $x_2(t)$ [m] とすれば，図 5.3 に示した推進力が作用する時間区間での運動方程式は，図 5.4 から

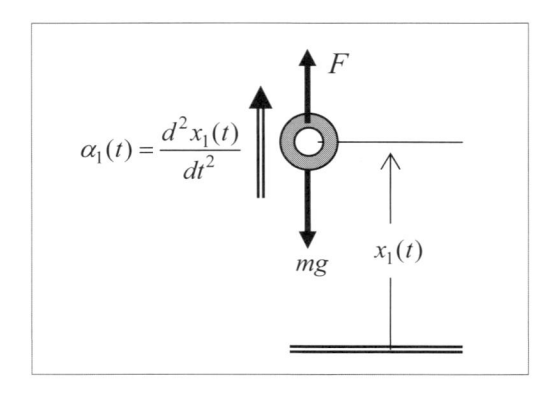

図 5.4 推進力 F の作用する上昇運動

5.2 推進力

$$推進力あり：m\frac{d^2x_1(t)}{dt^2} = F - mg \ ; \quad 0 \leq t < T \tag{5.16}$$

となる．推進力がなくなったあとは，前節の図 5.1 と同じく，重力が下向きに作用するだけであるから，式(5.2)と同じ運動方程式

$$推進力なし：m\frac{d^2x_2(t)}{dt^2} = -mg \ ; \quad T < t \tag{5.17}$$

となる（この 2 式は推進力があるかないかだけで，微分方程式としてはまったく同じ形である！）．式(5.16),(5.17)は二つの未知関数 x_1, x_2 に関する微分方程式ではあるが，個々に独立しているので，順次積分をしてそれぞれの速度と上昇距離の一般解を求めることができる．その結果は，次式となる．

$$v_1(t) = \left(\frac{F}{m} - g\right)t + c_1, \quad x_1(t) = \frac{1}{2}\left(\frac{F}{m} - g\right)t^2 + c_1 t + c_2 \ ; \quad 0 \leq t < T \tag{5.18}$$

$$v_2(t) = -gt + d_1, \quad x_2(t) = -\frac{1}{2}gt^2 + d_1 t + d_2 \ ; \quad T < t \tag{5.19}$$

ここに，c_1, c_2 と d_1, d_2 は積分定数である．

　上昇距離に二つの関数 x_1, x_2 を設定したので，それぞれに二つ，計四つの積分定数（未定係数）が生じた．このため，積分定数を決定するには四つの条件が必要となる．これまでと同じような上昇開始時の初期条件としては，初期位置が基準位置の地上ゼロであること，また打ち上げ時には初速度がないことである．これ以外にさらに二つの条件が必要である．そこで，推進力がなくなったとき，すなわち時刻 $t = T$ では，上昇距離 x_1 と x_2 は同じはずである．また，速度も同じでなければこの時刻でロケットがガクッとしてしまう．したがって，時刻 $t = T$ では二つの上昇距離と速度がそれぞれ等しいことが残り二つの条件となる．この二つの条件は速度と距離が連続することを意味しており，「**連続の条件**」という名で呼ばれている（推進力は作用力だから，運動方程式中に組み込まれ，初期条件には関係しない！）．

　上昇開始時の初期条件は時間区間 $0 \leq t < T$ の解 $x_1(t)$ に適用される．すなわち，

$$v_1(0) = 0, \quad x_1(0) = 0 \ ; \quad t = 0 \tag{5.20}$$

である．そして，時刻 $t = T$ での連続条件は，両者の解に適用される．

$$v_1(T) = v_2(T), \quad x_1(T) = x_2(T) \ ; \quad t = T \tag{5.21}$$

　式(5.18)と式(5.19)を初期条件式(5.20)と連続の条件式(5.21)に当てはめると，積分定数についての簡単な連立方程式が得られる．

$$\begin{cases} v_1(0) = 0 & \Rightarrow & c_1 = 0 \\ x_1(0) = 0 & \Rightarrow & c_2 = 0 \\ v_1(T) = v_2(T) & \Rightarrow & \left(\dfrac{F}{m} - g\right)T + c_1 = -gT + d_1 \\ x_1(T) = x_2(T) & \Rightarrow & \dfrac{1}{2}\left(\dfrac{F}{m} - g\right)T^2 + c_1 T + c_2 = -\dfrac{1}{2}gT^2 + d_1 T + d_2 \end{cases} \quad (5.22)$$

これを解くと，

$$c_1 = 0, \quad c_2 = 0, \quad d_1 = \frac{F}{m}T, \quad d_2 = -\frac{F}{2m}T^2 \tag{5.23}$$

となるから，速度と上昇距離が以下のように決まる．

$$v_1(t) = \left(\frac{F}{mg} - 1\right)gt, \quad x_1(t) = \frac{1}{2}gt^2\left(\frac{F}{mg} - 1\right); \quad 0 \le t < T \tag{5.24}$$

$$v_2(t) = -g\left(t - \frac{F}{mg}T\right), \quad x_2(t) = -\frac{1}{2}g\left(t - \frac{F}{mg}T\right)^2 + \frac{1}{2}gT^2\frac{F}{mg}\left(\frac{F}{mg} - 1\right); \quad T < t \tag{5.25}$$

（1）無次元化とグラフ

　速度と上昇距離の変化が完全に決まったので，グラフを描いてその様子を見てみよう．上式(5.24), (5.25)を見ると，グラフを描くためには質量 m，推進力 F，推進時間 T などの数値が必要である．しかし，数式で表現されたものを個別の数値でグラフを描けば，異なる別の数値の場合には，再度グラフを書き直さなくてはならない．これでは理論で解析した意味がない．そこで，具体的な数値を一切使わずに，どのような数値の条件でも適用できる図を描く必要がある．この方法が「**無次元化**」である．

　まず，式(5.24)と式(5.25)を観察すると，推進力とロケット重量との比（F/mg）が式中のいたるところに含まれている．この分母分子の次元がそれぞれ力であるから，その比は無次元になる．そこで，これを一つのパラメータ p としよう．

$$p = \frac{F}{mg} \tag{5.26}$$

次に，時間変数 t の無次元化を考える．推進力の作用時間 T が問題設定の際に導入されているので，この時間を基準時間とした無次元時間 τ を次式のように定義して，導入する．

$$\tau = \frac{t}{T}, \quad t = T\tau \tag{5.27}$$

式(5.26)と式(5.27)のパラメータと無次元時間の導入よって，式(5.24),(5.25)の速度と上昇距離は無次元時間 τ の関数となり，両辺が無次元となるように式を整理すると，

$$\frac{v_1(\tau)}{gT} = (p-1)\tau, \quad \frac{x_1(\tau)}{gT^2/2} = (p-1)\tau^2 \;;\quad 0 \leq \tau < 1$$
$$\frac{v_2(\tau)}{gT} = -(\tau-p), \quad \frac{x_2(\tau)}{gT^2/2} = -(\tau-p)^2 + p(p-1) \;;\quad 1 < \tau < p+\sqrt{p(p-1)}$$
(5.28)

となる．

上式は，重力加速度 g が加速時間 T だけ作用したときの速度 gT と，その移動距離 $(1/2)gT^2$ を基準量として速度と上昇距離を無次元化している．この結果，無次元速度と上昇距離は唯一つのパラメータ p を持つ無次元時間 τ の関数となった．これは，推進力による上昇運動がこのパラメータ p によって決まることを意味している．すなわち，「**推進力とロケット重量との比のみが運動の様相を支配する**」ということである．パラメータの様々な値について無次元速度・距離の無次元時間による変化のグラフを描くことができるから，各物理量の具体的な数値は必要なくなった．なお，パラメータ値の選び方はパラメータの意味を考えながら決めることになる．

式(5.26)を見ると，パラメータ p の意味は推進力とロケット重量との比であるから，これが 1 以上（$p>1$）ならば，推進力が重力に打ち勝って上昇を始めることになり，上昇速度が正となる．もし，パラメータが 1 以下（$p \leq 1$）ならば，推進力がロケット重量より小さく，上昇することはできないので，上昇距離はゼロのまま，すなわちロケットは地上に留まり，式(5.24),(5.25)，もしくは式(5.28)の解は意味をなさない．結局，グラフを描くために与えるべきパラメータの値は $p>1$ となる．そこで，$p=2,3,...$ とすれば，推進力がロケット重量の 2 倍，3 倍，... の場合を想定することになり，ロケットの質量や推進力の個々の値を使わずに議論することができる．

図5.5 は，速度と上昇距離の変化を表したものである．無次元時間 $\tau=1$ まで推進力が作用し，最大速度

$$v_{\max} = v_1(\tau=1) = v_2(\tau=1) = (p-1)gT \tag{5.29}$$

となり，その後，推進力パラメータと同じ値の無次元時間 $\tau=p$ に最高高度

$$H_{\max} \equiv x_2(p) = p(p-1)\frac{1}{2}gT^2 \;;\quad \tau=p \tag{5.30}$$

に達する．この最高速度・高度は，重力による等加速度運動で推進力の作用時間に移動した距離 $gT^2/2$ と速度 gT を基準として，速度は $(p-1)$ 倍，高度は $p(p-1)$ 倍になってい

る．もし，推進力がロケット重量よりも充分大きい場合（$p \gg 1$）には，最高高度はほぼ推進力の2乗に比例する．

$$H_{\max} \approx \left(\frac{1}{2}gT^2\right)p^2 \tag{5.31}$$

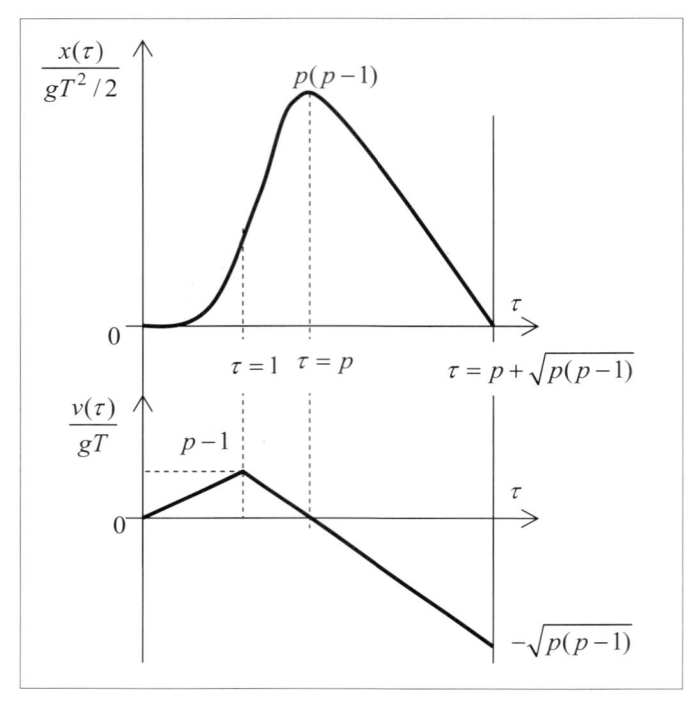

図 5.5 推進力による上昇運動

以上のように議論すれば，ロケットの打ち上げに関する基本的な情報が得られる．技術的には，先に到達高度が目的として決まり，推進力の大きさや推進時間をどのようにしたらよいか？という質問に変わる．このような場合には，先の検討を反対に行えばよい．例えば，式(5.31)を書き直して，

$$pT \approx \sqrt{\frac{2H_{\max}}{g}} \tag{5.32}$$

このようにすれば，所望の到達高度から推進力パラメータと推進時間との積の値が決まる．そして，推進力 $p = F/mg$ を決めるか，推進時間 T を決めるかは，技術者の置かれた状況や環境から選択すればよいことになる．

(2) 推進力のエネルギー

推進力によってロケットに加えられるエネルギーを求めてみよう．ロケットが推進力から得るエネルギーとは，推進力がロケットに対して行った仕事量であるから，推進力の行った仕事量を求めれば，ロケットが得たエネルギーとなる．

まず，推進力は F であり，この力でロケットを微小距離 dx_1 動かしたものと考えると，推進力の微小仕事量 dw は $dw = Fdx_1$ となる．そこで，この微小移動距離 dx_1 は「速度×微小時間」$v_1 dt$ でもあるから，速度は推進力が作用している間の速度 v_1 であり，微小時間での仕事量を書き直すと，

$$dw = Fdx_1 = Fv_1 dt \tag{5.33}$$

となる．この微小仕事量を推進力が作用している時間 T まですべて加え合わせる，すなわち積分すると，推進力の仕事量，すなわちロケットに与えたエネルギー w [N·m] となる．

$$w = \int_{t=0}^{t=T} dw = \int_{t=0}^{t=T} Fv_1 dt \tag{5.34}$$

この右辺の被積分関数中の速度は時間によって変化しているから，式(5.24)の速度式を代入して積分を行うと，

$$w = \int_{t=0}^{t=T} Fv_1 dt = \int_{t=0}^{t=T} F\left(\frac{F}{mg}-1\right)gt\,dt = \frac{1}{2}FgT^2\left(\frac{F}{mg}-1\right) \tag{5.35}$$

となる．これが推進力によってロケットに与えられるエネルギーである．

ここで，エネルギーバランスを確認する前にロケットの「**運動量と力積**」について調べてみよう．ロケットに与えられる力は上向き推進力と下向き重力の和であるから，作用する合力は $F - mg$ である．そして，この力が T 時間作用するので，力積は

$$力積 = 作用力 \times 作用時間 : (F-mg)T \tag{5.36}$$

となる．他方，力の作用が終了した時点 $t = T$ での速度は

$$v_1(T) = \left(\frac{F}{mg}-1\right)gT \tag{5.37}$$

であり，そのときの運動量は

$$運動量 = 質量 \times 速度 : mv_1(T) = m\left(\frac{F}{mg}-1\right)gT = (F-mg)T \tag{5.38}$$

となる．式(5.36)の力積と式(5.38)の運動量とが一致し，「運動量＝力積」の関係が成立していることを確認できた．

よく考えると，運動量と力積との関係は運動の第二法則から導出されており，われわれはこの運動の第二法則である微分方程式を解いて速度と上昇距離を求めている．したがって，同じ法則から求めた速度と距離であるから，運動量と力積との関係を満足するのは当たり前である．逆にいえば，われわれが解いた微分方程式の解を確認したに過ぎない！

(3) エネルギーバランス

さて，ここでもエネルギーバランスについて確認してみよう．まず，推進力が作用している時間区間 $0 \leq t < T$ では，発射直後からの推進力によって加えられたエネルギー $w(t)$ がロケットに速度 $v_1(t)$ と上昇距離 $x_1(t)$ を与える．すなわち，推進力によるエネルギーはロケットの運動エネルギー $K_1(t)$ と位置エネルギー $E_1(t)$ に変換さる．これを確認するために，任意時間までに推進力が与えたエネルギーを求めてみよう．推進力が与えたエネルギーは，式(5.35)の積分の上限時間 T を任意時間 $t(<T)$ に置き換えればよい．

$$\text{推進力のエネルギー}: w(t) = \frac{1}{2} Fgt^2 \left(\frac{F}{mg} - 1 \right) \tag{5.39}$$

このエネルギーが運動エネルギー

$$\text{運動エネルギー}: K_1(t) = \frac{1}{2} mv_1^2(t) = \frac{1}{2} m \left(\frac{F}{mg} - 1 \right)^2 (gt)^2 \tag{5.40}$$

と位置エネルギー

$$\text{上昇位置エネルギー}: E_1(t) = mgx_1(t) = \frac{1}{2} m(gt)^2 \left(\frac{F}{mg} - 1 \right) \tag{5.41}$$

の和

$$w(t) = K(t) + E(t) \tag{5.42}$$

となることは明らかである（自分で計算してみよう！）．

次に，推進力がなくなったあと，

$$T < t < T \left\{ \frac{F}{mg} + \sqrt{\frac{F}{mg} \left(\frac{F}{mg} - 1 \right)} \right\} \Leftrightarrow 1 < \tau < p + \sqrt{p(p-1)} \tag{5.43}$$

のエネルギーバランスについて考えてみる．この場合，推進力によって与えられたエネルギーは，式(5.35)で求めたから，

$$w = \frac{1}{2} FgT^2 \left(\frac{F}{mg} - 1 \right) \tag{5.44}$$

である．そして，このエネルギーは，ロケットの位置エネルギー

$$E_2(t) = mgx_2(t) = \frac{1}{2}m(gT)^2\left\{-\left(\frac{t}{T}-\frac{F}{mg}\right)^2 + \frac{F}{mg}\left(\frac{F}{mg}-1\right)\right\} \tag{5.45}$$

と運動エネルギー

$$K_2(t) = \frac{1}{2}mv_2^2(t) = \frac{1}{2}m(gT)^2\left(\frac{t}{T}-\frac{F}{mg}\right)^2 \tag{5.46}$$

に分配されている．すなわち，次式のエネルギーバランスが確認できる．

$$w = K_2(t) + E_2(t); \quad T < t < T\left\{\frac{F}{mg} + \sqrt{\frac{F}{mg}\left(\frac{F}{mg}-1\right)}\right\} \tag{5.47}$$

問題 [5.1] 図 5.6 のように高さ H [m] の位置から質量 m [kg] のボールに上向き初速度 V_0 [m/s] を与えて放出した．ボールの地上からの距離 y [m]，重力加速度 g [m/s^2] として，以下の問いに答えよ．

(1) 任意時刻 t [s] での物体の加速度 $\alpha(t)$ [m/s^2] を表現せよ．
(2) 物体の位置 $y(t)$ についての微分方程式を求めよ．
(3) 上記(2)項の微分方程式を解き，位置 $y(t)$ の一般解を求めよ．
(4) 積分定数を決めるための初期条件を示せ．
(5) 初期条件から積分定数を決定し，位置 $y(t)$ と速度 $v(t)$ の完全な関数形を求めよ．
(6) 地上に到達する時間 $t = T_1$ [s] と，そのときの速度 V [m/s] を求めよ．
(7) 最高高度に達する時間 $t = T_2$ [s] と高度 $H_{\max}$ [m] を求めよ．

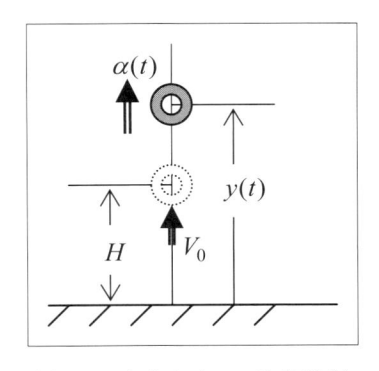

図 5.6 高台からの垂直放射

第6章　空気抵抗を受ける落下運動

これまで，物体の落下や上昇運動について運動則を適用して解析を行ってきた．しかし，実際は空気抵抗や横風が吹いたりして，物体の運動は第4章，第5章のように簡単な解析で解明することはできない（極端にいえば，コンピュータが発達した現在でも，木の葉1枚の落下を解明することができないのである）．本章では，より実際的な解析モデルを構築する第1歩として，空気抵抗を考慮した落下・上昇運動の解析を行う．ここでは，どのようにして，より実際的なモデルを構築するのかを知って欲しい．

6.1　速度に比例する空気抵抗力

図6.1のように質量 m [kg] の物体（例えば，**雨滴**）が重力 g [m/s^2] に引かれて落下する場合を考える．落下距離を x [m]，落下開始時刻を $t=0$ とすれば，落下距離は時間の関数 $x(t)$ となる．図のように物体が落下しているものとして，落下方向の速度と加速度は，

$$v(t) = \frac{dx(t)}{dt}, \quad \alpha(t) = \frac{dv(t)}{dt} = \frac{d^2 x(t)}{dt^2} \tag{6.1}$$

となる．この任意時刻 t の瞬間にニュートンの第二法則（$F=m\alpha$）を適用する．空気抵抗は，第3.6節の式(3.21)で示した空気抵抗力，すなわち速度に比例する抵抗力とすれば，

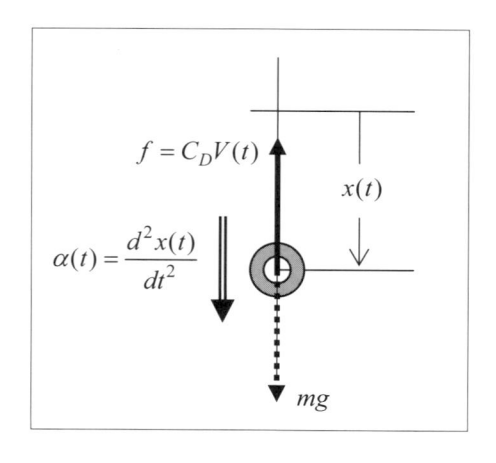

図 6.1 落下運動 (1)

物体の速度は $v(t)$ だから，任意時刻の空気抵抗力は $C_D v(t)$ となる．そして，物体に作用する力は重力による引力 mg [N] が落下方向に，また空気抵抗力は落下とは逆の上向きに作用するので，空気抵抗力は負の作用力となる．そこで，運動則に当てはめると，

$$m\alpha = F \quad \Rightarrow \quad m\frac{d^2 x(t)}{dt^2} = mg - C_D v(t) \tag{6.2}$$

となる．自由落下の運動方程式(4.2)と比較すれば，空気抵抗の項が加わっているに過ぎないが，微分方程式としては解法がまったく異なるのである。

この運動方程式(6.2)には，二つの未知関数 $x(t), v(t)$ が含まれているので，一つの未知関数の運動方程式に書き直さなくては解けない．幸いなことに，加速度は速度の微分であるから，速度を未知関数とする微分方程式に書き直すことができる．

$$m\frac{dv(t)}{dt} = mg - C_D v(t) \quad \Rightarrow \quad \frac{dv(t)}{dt} + \frac{C_D}{m} v(t) = g \tag{6.3}$$

この速度 $v(t)$ に関する微分方程式は，空気抵抗係数 C_D と物体の質量 m が定数で，右辺に重力加速度の非斉次項を持つから，1 階の非斉次定数係数微分方程式である．したがって，第 2 章の例 2.1 の解法を適用して解くことができる．

この非斉次微分方程式(6.3)は，斉次微分方程式

$$\frac{dv_h(t)}{dt} + \frac{C_D}{m} v_h(t) = 0 \tag{6.4}$$

の斉次解 $v_h(t)$ と非斉次微分方程式

$$\frac{dv_p(t)}{dt} + \frac{C_D}{m} v_p(t) = g \tag{6.5}$$

の特解 $v_p(t)$ との "和" として表される．しかも，斉次微分方程式(6.4)は定数係数であるから，解を未知パラメータ λ を導入した指数関数

$$v_h(t) = e^{\lambda t} \tag{6.6}$$

に仮定して解くことができる．このパラメータについての特性方程式と固有値 λ は

$$\lambda + \frac{C_D}{m} = 0 \quad \Rightarrow \quad \lambda = -\frac{C_D}{m} \tag{6.7}$$

となり，斉次解は簡単な指数関数となる．

$$v_h(t) = c_1 e^{-(C_D/m)t} \tag{6.8}$$

ここに，c_1 は未定係数（積分定数）である．

次に，非斉次微分方程式(6.5)の非斉次項は定数 g であるから，特解も定数に仮定して

求めることができる．その結果は

$$v_p(t) = \frac{mg}{C_D} \tag{6.9}$$

である．よって，運動方程式(6.3)の一般解は次式となる．

$$v(t) = v_h(t) + v_p(t) = c_1 e^{-(C_D/m)t} + \frac{mg}{C_D} \tag{6.10}$$

この速度には未定係数が一つ含まれているから，これを決めるための初期条件を考えてみる．物体は初速度のない状態から自由落下するとすれば，速度の初期条件は

$$v(0) = 0 \, ; \quad t = 0 \tag{6.11}$$

となる．この初期条件を微分方程式の解である式(6.10)に適用して，未定係数を決る．

$$v(0) = c_1 + \frac{mg}{C_D} = 0 \quad \Rightarrow \quad c_1 = -\frac{mg}{C_D} \tag{6.12}$$

よって，速度を未知関数とする運動方程式（微分方程式）(6.3)の完全な解は

$$v(t) = \frac{mg}{C_D}\left(1 - e^{-\frac{C_D t}{m}}\right) \tag{6.13}$$

となる．

この速度変化の概略図が図 6.2 である．指数関数の負のべきは時間 t が大きくなるとゼロになるので，落下開始から時間が経過すると定速度 V_∞ に漸近する．

$$V_\infty = \lim_{t \to \infty} v(t) = \frac{mg}{C_D} \lim_{t \to \infty}\left(1 - e^{-\frac{C_D t}{m}}\right) = \frac{mg}{C_D} \tag{6.14}$$

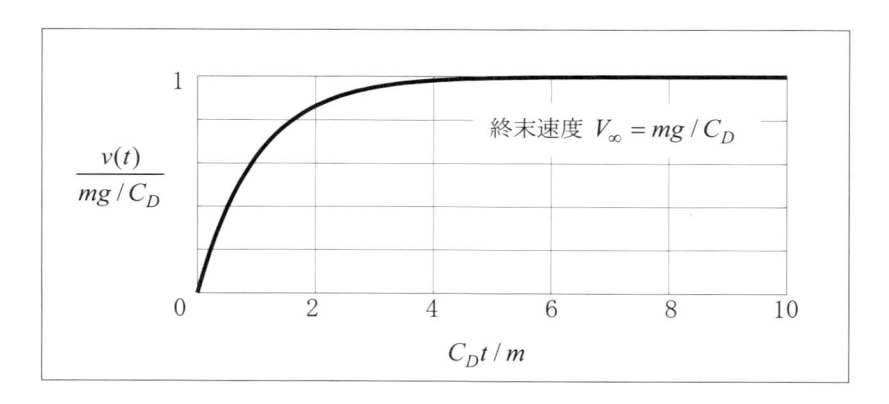

図 6.2 落下速度の時間変化

この最終的な定速度 $V_\infty = mg/C_D$ を**終末(終端)速度**(terminal velocity) と呼んでいる. 空気抵抗を考えなかった自由落下の速度式(4.8)では, 時間の経過とともに限りなく速度が大きくなった. しかし, 空気抵抗を考慮すると落下速度が終末速度に収束することが判明した. 実際の雨滴がほぼ同じように定速度で落下していることを説明できるようになった. このように, 他の効果を考慮すると実際の現象をよりよく解明することができる. そして, 解くべき微分方程式が少しずつ変化し, 微分方程式の解法が役に立つことになる.

(1) 落下距離

さて, 落下速度が決まったのだから, 落下距離を求めてみよう. 速度は落下距離の微係数だから, 速度を積分すると落下距離になる. その積分計算は以下のように行われる.

$$x(t) = \int_{t=0}^{t=t} v(t)dt = \frac{mg}{C_D}\int_{t=0}^{t=t}\left\{1-\exp\left(-\frac{C_D t}{m}\right)\right\}dt = \frac{mg}{C_D}\left[t + \frac{m}{C_D}\exp\left(-\frac{C_D t}{m}\right)\right]_{t=0}^{t=t} \quad (6.15)$$

この結果, 落下距離の時間変化は

$$x(t) = g\left(\frac{m}{C_D}\right)^2\left[\frac{C_D t}{m} - \left\{1-\exp\left(-\frac{C_D t}{m}\right)\right\}\right] \quad (6.16)$$

となる. これをグラフに描くために, 無次元時間

$$\tau = \frac{C_D t}{m} \quad (6.17)$$

を導入すると, 無次元化された落下距離の表示式にはまったくパラメータを含まない簡明な式となる.

$$\frac{x(\tau)}{g(m/C_D)^2} = \tau + \exp(-\tau) - 1 \quad (6.18)$$

同じように速度式(6.13)についても, 式(6.17)の無次元時間を導入すると極めて簡単な表示式となる.

$$\frac{v(\tau)}{V_\infty} = 1 - e^{-\tau} \quad (6.19)$$

これなら, なにも余分な値を与えなくても無次元時間の関数としてグラフが描け, 図6.3のような変化となる (実は図6.2も式(6.19)を使って描いたのである). 落下距離は, 時間 τ が

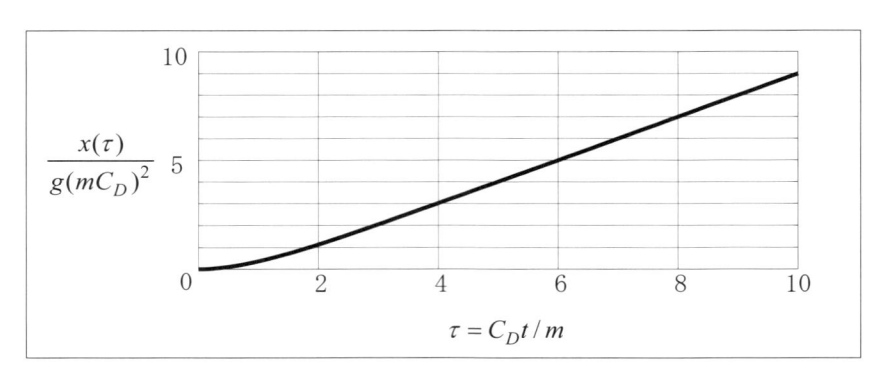

図 6.3 落下距離の時間変化

経過するとほぼ直線的に増加する．これは，終末速度が一定なので，定速度で運動していることを意味している．

このように，空気抵抗力は落下距離の時間変化に対して，自由落下とは時間関数が異なるが，式(6.17)で定義される時間尺度の変更だけで表現できることになった．したがって，グラフを描くときには抵抗係数の値などまったく必要ない．これが**無次元化**の最大メリットである．

（2）エネルギーバランス

空気抵抗のある落下運動では，落下距離に応じて位置エネルギーが失われていく．この位置エネルギーの一部分は空気抵抗によって消費され，その残りが落下物体の運動エネルギーに変換されているはずである．すなわち，空気抵抗力で失われたエネルギーと運動エネルギーの和は，落下によって消失した位置エネルギーと等しいはずである．これを数式として確認しよう．

まず，任意時刻 t までに失った位置エネルギーは

$$\text{落下による位置エネルギーの消失}: E = mgx(t) = m\left(\frac{mg}{C_D}\right)^2\left[\frac{C_D t}{m} - \left\{1 - \exp\left(-\frac{C_D t}{m}\right)\right\}\right] \tag{6.20}$$

であり，落下する物体の運動エネルギーは

$$\text{運動エネルギー}: K = \frac{1}{2}mv^2(t) = \frac{1}{2}m\left(\frac{mg}{C_D}\right)^2\left\{1 - \exp\left(-\frac{C_D t}{m}\right)\right\}^2 \tag{6.21}$$

である．

次に，空気抵抗力によって消費されたエネルギーを求めることにする．この抵抗力に

よるエネルギーの公式はないので，**空気抵抗力の仕事量** $w[\text{N}\cdot\text{m}]$ を求めて，これをエネルギーとする．まず，任意時刻の空気抵抗力は $f = C_D v(t)$ であり，この力が微小落下距離 $dx(t)$ に作用したので，微小仕事量 dw は

$$dw = f dx(t) = C_D v(t) dx(t) \tag{6.22}$$

と表される．そこで，微小落下距離と速度との関係

$$v(t) = \frac{dx(t)}{dt} \Rightarrow dx(t) = v(t) dt \tag{6.23}$$

を用いて，微小落下距離を速度と微小時間の積に書き直すと，

$$dw = C_D v(t) dx(t) = C_D v^2(t) dt \tag{6.24}$$

となる．この微小仕事量を落下開始時間 $t = 0$ から任意時刻 $t = t$ まで全部加える，すなわち速度式(6.13)を上式(6.24)に代入して積分すると，空気抵抗力の仕事量が求められる．

$$w = \int_{t=0}^{t=t} dw = \int_{t=0}^{t=t} C_D v^2(t) dt = \int_{t=0}^{t=t} C_D \left(\frac{mg}{C_D}\right)^2 \left\{1 - \exp\left(-\frac{C_D t}{m}\right)\right\}^2 dt \tag{6.25}$$

上式中の指数関数の積分は，項別に分けて以下のように行うことができる．

$$\begin{aligned}\int \{1 - \exp(-ax)\}^2 dx &= \int \{1 - 2\exp(-ax) + \exp(-2ax)\} dx \\ &= x + \frac{2}{a}\exp(-ax) - \frac{1}{2a}\exp(-2ax)\end{aligned} \tag{6.26}$$

よって，式(6.25)の計算過程は

$$\begin{aligned}w &= \int_{t=0}^{t=t} C_D \left(\frac{mg}{C_D}\right)^2 \left\{1 - \exp\left(-\frac{C_D t}{m}\right)\right\}^2 dt \\ &= C_D \left(\frac{mg}{C_D}\right)^2 \left[t + \frac{2m}{C_D}\exp\left(-\frac{C_D t}{m}\right) - \frac{m}{2C_D}\exp\left(-\frac{2C_D t}{m}\right)\right]_{t=0}^{t=t} \\ &= C_D \left(\frac{mg}{C_D}\right)^2 \left[t + \frac{2m}{C_D}\exp\left(-\frac{C_D t}{m}\right) - \frac{m}{2C_D}\exp\left(-\frac{2C_D t}{m}\right) - \frac{3m}{2C_D}\right]\end{aligned} \tag{6.27}$$

となり，空気抵抗力によって消費された"**損失エネルギー**"が以下のように表される．

$$w = m\left(\frac{mg}{C_D}\right)^2 \left[\frac{C_D t}{m} - \frac{3}{2} + 2\exp\left(-\frac{C_D t}{m}\right) - \frac{1}{2}\exp\left(-\frac{2C_D t}{m}\right)\right] \tag{6.28}$$

なお，ここで気がついて欲しいことはエネルギーの求め方である．物理学で習う位置と運動エネルギーは，公式のように記憶されている．しかし，損失エネルギーのようなものは現象に応じて作用力の性質が異なるので，公式などはない．このため，作用力とその移動距離の積，すなわち仕事量を求めてからエネルギーとする．これは「**力を出す**

側は仕事をする」が，その「**力を受け取る側はエネルギーをもらう**」という仕事とエネルギーの相互関係に基づいている．

これで準備すべき各エネルギーが求められたから，エネルギーバランス

$$\text{運動エネルギー}(K) + \text{損失エネルギー}(w) = \text{位置エネルギー}(E)$$

を確認するために，運動エネルギーと損失エネルギーの和を求めると，

$$\begin{aligned}
K + w &= \frac{1}{2}m\left(\frac{mg}{C_D}\right)^2\left\{1-\exp\left(-\frac{C_D t}{m}\right)\right\}^2 + m\left(\frac{mg}{C_D}\right)^2\left[\frac{C_D t}{m} - \frac{3}{2} + 2\exp\left(-\frac{C_D t}{m}\right) - \frac{1}{2}\exp\left(-\frac{2C_D t}{m}\right)\right] \\
&= m\left(\frac{mg}{C_D}\right)^2\left[\frac{1}{2}\left\{1-\exp\left(-\frac{C_D t}{m}\right)\right\}^2 + \frac{C_D t}{m} - \frac{3}{2} + 2\exp\left(-\frac{C_D t}{m}\right) - \frac{1}{2}\exp\left(-\frac{2C_D t}{m}\right)\right] \\
&= m\left(\frac{mg}{C_D}\right)^2\left[\frac{C_D t}{m} + \frac{1}{2} - \frac{3}{2} - \exp\left(-\frac{C_D t}{m}\right) + 2\exp\left(-\frac{C_D t}{m}\right) - \frac{1}{2}\exp\left(-\frac{2C_D t}{m}\right) + \frac{1}{2}\exp\left(-\frac{2C_D t}{m}\right)\right] \\
&= m\left(\frac{mg}{C_D}\right)^2\left[\frac{C_D t}{m} - \left\{1-\exp\left(-\frac{C_D t}{m}\right)\right\}\right] \equiv E
\end{aligned}$$
(6.29)

となり，位置エネルギーと等しいことが確認される．

6.2　速度の2乗に比例する空気抵抗力

前節の雨滴の落下問題では，空気抵抗力が落下速度に比例する場合であった．しかし，この比例関係は落下速度が小さな場合に有効であり，速度が大きくなると比例関係は成立しない．より実際的な空気抵抗力と移動速度との関係は，第3.6節の式(3.22)で表される2次関数の形である．空気抵抗力 f [N] と移動速度 v [m/s] との関係を再度示すと，

$$f = Dv^2 \tag{6.30}$$

となっている．この空気抵抗を考慮した雨滴の落下運動の概略を図6.4に示す．

座標や記号は前節と同じものとすれば，落下と反対の上昇方向に作用する空気抵抗力の表現が異なるのみであるから，運動方程式は

$$m\alpha = F \quad \Rightarrow \quad m\frac{d^2x(t)}{dt^2} = mg - Dv^2(t) \tag{6.31}$$

となる．この運動方程式には速度と落下距離の二つの未知関数を含んでいるから，単一の未知関数，落下速度 $v(t)$ に関する微分方程式に書き直す．

$$\frac{dv(t)}{dt} + \frac{D}{m}v^2(t) = g \tag{6.32}$$

6.2 速度の2乗に比例する空気抵抗力　(75)

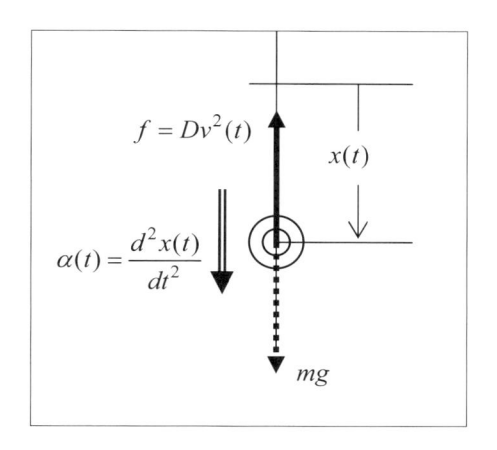

図 6.4 落下運動 (2)

　この微分方程式の左辺第2項，すなわち微分しない項は速度の2乗となっており，式(6.32)は未知関数である速度についての「**非線形微分方程式**」になっている．このため，第2章で説明した微分方程式の解法はすべて使えない．そこで，微分方程式(6.32)をよくよく眺める．そして，第2.2(2)項の変数係数の微分方程式に使った解法が使えないか考える．この解法は，変数と未知関数を左右の辺に分離することであった．ここでも，速度を $v \equiv v(t)$ として式(6.32)を書き直し，速度の非線形項を右辺に移動すると，

$$\frac{dv}{dt} = g - (D/m)v^2 \tag{6.33}$$

となる．この右辺は重力加速度の定数を含むものの，速度のみの項であるから，両辺に

$$\frac{dt}{g-(D/m)v^2} \tag{6.34}$$

を乗じて，速度と時間の項に分離する．

$$\frac{dv}{g-(D/m)v^2} = dt \tag{6.35}$$

これで，第2.2(2)項の式(2.15)や式(2.25)と同じ分離形になったので，積分を両辺に作用させると，次式となる．

$$\int \frac{dv}{g-(D/m)v^2} = \int dt \tag{6.36}$$

この積分が実行できれば，非線形の微分方程式(6.32)を解いたことになる．その後は，速度が時間の関数として表されるように式の変形を行えばよい．

式(6.36)の左辺の積分を行うために，被積分関数の整理を行う．

$$\int \frac{dv}{\sqrt{mg/D}^2 - v^2} = (D/m)\int dt \tag{6.37}$$

そして，部分分数への分解

$$\frac{1}{a^2 - x^2} = \frac{1}{2a}\left(\frac{1}{a-x} + \frac{1}{a+x}\right) \tag{6.38}$$

を利用した積分

$$\int \frac{dx}{a^2 - x^2} = \int \frac{1}{2a}\left(\frac{1}{a-x} + \frac{1}{a+x}\right)dx = \frac{1}{2a}\{-\log(a-x) + \log(a+x)\} = \frac{1}{2a}\log\left(\frac{a+x}{a-x}\right) \tag{6.39}$$

を適用する．その過程は，以下の計算のとおりである．

$$\int \frac{dv}{\sqrt{mg/D}^2 - v^2} = \frac{1}{2\sqrt{mg/D}}\int\left(\frac{1}{\sqrt{mg/D} - v} + \frac{1}{\sqrt{mg/D} + v}\right)dv$$

$$= \frac{1}{2\sqrt{mg/D}}\left\{-\log\left(\sqrt{mg/D} - v\right) + \log\left(\sqrt{mg/D} + v\right)\right\} \tag{6.40}$$

$$= \frac{1}{2\sqrt{mg/D}}\log\left(\frac{\sqrt{mg/D} + v}{\sqrt{mg/D} - v}\right)$$

上式の積分を式(6.37)の左辺に適用すると，

$$\frac{1}{2\sqrt{mg/D}}\log\left(\frac{\sqrt{mg/D} + v}{\sqrt{mg/D} - v}\right) = (D/m)t + c_1 \tag{6.41}$$

となる．さらに，この表示式では速度が時間の関数として明示できていないので，対数関数と指数関数との関係式（表1.1の下）を利用して式を変形する．その過程は

$$\frac{1}{2\sqrt{mg/D}}\log\left(\frac{\sqrt{mg/D} + v}{\sqrt{mg/D} - v}\right) = (D/m)t + c_1$$

$$\Downarrow$$

$$\log\left(\frac{\sqrt{mg/D} + v}{\sqrt{mg/D} - v}\right) = 2\sqrt{mg/D}\{(D/m)t + c_1\} \tag{6.42a}$$

$$\Downarrow$$

$$\exp\left[\log\left(\frac{\sqrt{mg/D} + v}{\sqrt{mg/D} - v}\right) = 2\sqrt{mg/D}\{(D/m)t + c_1\}\right]$$

$$\Downarrow$$

$$\exp\left[\log\left(\frac{\sqrt{mg/D}+v}{\sqrt{mg/D}-v}\right)\right] = \exp\left(2t\sqrt{Dg/m} + 2c_1\sqrt{mg/D}\right) \tag{6.42b}$$

$$\Downarrow$$

$$\frac{\sqrt{mg/D}+v}{\sqrt{mg/D}-v} = \exp\left(2t\sqrt{Dg/m} + 2c_1\sqrt{mg/D}\right)$$

である．ここで，未定係数を新しく定義し直し

$$C = \exp\left(2c_1\sqrt{mg/D}\right) \tag{6.43}$$

とすると，式(6.42)の最後の式は

$$\frac{\sqrt{mg/D}+v}{\sqrt{mg/D}-v} = C\exp\left(2\sqrt{Dg/m}\cdot t\right) \tag{6.44}$$

となる．これを速度vについて解くと，

$$v(t) = \sqrt{\frac{mg}{D}}\left\{\frac{C\exp\left(2\sqrt{Dg/m}\cdot t\right)-1}{C\exp\left(2\sqrt{Dg/m}\cdot t\right)+1}\right\} \tag{6.45}$$

となる．ようやく，速度が時間の関数として表された．すなわち，非線形微分方程式(6.32)の解が求められたことになる（ちなみに，非線形微分方程式の解を求めることは大変難しく，ほとんどの場合，解は求められない．しかしラッキーなことに，この問題の場合には厳密な一般解が求められた）．

さて，式(6.45)の一般解には未定係数が含まれているから，これを決めなくてはならない．このために，式(6.11)と同じく初期速度がないものとする初期条件

$$v(0) = 0\; ; \quad t = 0 \tag{6.46}$$

を適用すると，未定係数は

$$v(0) = \sqrt{mg/D}\,\frac{C-1}{C+1} = 0 \;\Rightarrow\; C = 1 \tag{6.47}$$

となる．これで未定係数が決まり，落下速度の時間関数が完全に決まる．その結果は，

$$v(t) = \sqrt{\frac{mg}{D}}\,\frac{\exp\left(2\sqrt{Dg/m}\cdot t\right)-1}{\exp\left(2\sqrt{Dg/m}\cdot t\right)+1} = \sqrt{\frac{mg}{D}}\,\frac{\exp\left(\sqrt{Dg/m}\cdot t\right)-\exp\left(-\sqrt{Dg/m}\cdot t\right)}{\exp\left(\sqrt{Dg/m}\cdot t\right)+\exp\left(-\sqrt{Dg/m}\cdot t\right)} \tag{6.48}$$

この落下速度の表示式には同じ変数の指数関数が分母・分子に含まれているから，第

1.5 節の式(1.11)の双曲線関数の表示に書き直すと簡単な表示式になる．双曲線関数の定義は

$$\cosh(x) = \frac{1}{2}(e^{+x} + e^{-x}), \quad \sinh(x) = \frac{1}{2}(e^{+x} - e^{-x}), \quad \tanh(x) = \frac{e^{+x} - e^{-x}}{e^{+x} + e^{-x}} \tag{6.49}$$

であるから，式(6.48)の速度は極めて簡単な表示となる．

$$v(t) = \sqrt{\frac{mg}{D}} \tanh\left(\sqrt{\frac{Dg}{m}} \cdot t\right) \tag{6.50}$$

これで，空気抵抗力が速度の2乗に比例する場合の落下速度が完全に決まった．そこで，終末速度を求めることにする．図 1.2 のように関数 $\tanh(x)$ は正の無限遠方では＋1に収束するので，終末速度は

$$\text{終末速度}: V_\infty = \lim_{t \to \infty} v(t) = \sqrt{\frac{mg}{D}} \tag{6.51}$$

となる．

次に，落下距離 $x(t)$ を求める．速度は落下距離の微係数であるから，落下距離は速度を落下開始時間から任意時刻 t まで積分すればよいことになる．その結果は，

$$\text{落下距離}: x(t) = \int_{t=0}^{t=t} v(t)dt = \int_{t=0}^{t=t} \sqrt{\frac{mg}{D}} \tanh\left(\sqrt{\frac{Dg}{m}} \cdot t\right) dt = \frac{m}{D} \log\left\{\cosh\left(\sqrt{\frac{Dg}{m}} \cdot t\right)\right\} \tag{6.52}$$

そして，時間が充分経過したあとの落下距離の時間変化を求める．そのために，指数関数の変数となっている双曲線関数の漸近表示を求めると，

$$\cosh\left(\sqrt{\frac{Dg}{m}} \cdot t\right) \approx \frac{1}{2} \exp\left(\sqrt{\frac{Dg}{m}} \cdot t\right); \quad t \to \infty \tag{6.53}$$

となる．これを式(6.52)の最右辺の式に代入する．

$$\begin{aligned}
x(t) &= \frac{m}{D} \log\left\{\cosh\left(\sqrt{\frac{Dg}{m}} \cdot t\right)\right\} \approx \frac{m}{D} \log\left\{\frac{1}{2} \exp\left(\sqrt{\frac{Dg}{m}} \cdot t\right)\right\} \\
&= \frac{m}{D} \left[\log\left\{\exp\left(\sqrt{\frac{Dg}{m}} \cdot t\right)\right\} + \log\left\{\frac{1}{2}\right\}\right] \\
&= \sqrt{\frac{mg}{D}} \cdot t - \frac{m}{D} \log(2)
\end{aligned} \tag{6.54}$$

上式中の最後の式の定数部は，時間が充分経過しているので $\sqrt{mg/D} \cdot t \gg (m/D)\log(2)$ となり無視できる．よって，落下開始から充分時間が経過し終末速度に近くなると，物体

の落下距離は終末速度 $V_\infty \left(= \sqrt{mg/D}\right)$ を比例係数とした時間の1次関数として変化する．

$$x(t) \approx \sqrt{\frac{mg}{D}} \cdot t = V_\infty t ; \quad t \to \infty \tag{6.55}$$

（1）無次元化

速度や落下距離の時間変化には空気抵抗力の係数や物体の質量が含まれており，これらの具体的な数値を与えないでグラフを描き，変化の様相を知るために無次元化を行う．速度と落下距離の表示式(6.50)と式(6.52)を観察すると，時間変数には同じ係数が乗じられている．そこで，この係数と時間を乗じた無次元時間

$$\tau = \sqrt{\frac{Dg}{m}} \cdot t \tag{6.56}$$

を導入し，速度には終末速度を基準値に使えば，以下のように無次元表示が得られる．

$$\frac{v(\tau)}{V_\infty} = \tanh(\tau), \quad \frac{x(\tau)}{m/D} = \log\{\cosh(\tau)\} \tag{6.57}$$

これならば，物理量の具体的な数値は必要なく時間変化のグラフを描くことができる．

（2）空気抵抗則による落下速度の相違

速度の1乗と2乗に比例する空気抵抗力による落下速度が完全に決まったので，ここではその比較を行ってみよう．表6.1は，その比較表である．また，図6.5は，この無次元表示式(6.19),(6.57)に基づいて速度変化を描いたものである．この図から，無次元時間の定義の相違はあるものの，空気抵抗力が速度の2乗に比例する場合の方が早く終末速度に収束している．

表 6.1 空気抵抗則による落下速度の比較

空気抵抗則	落下速度	終末速度	無次元時間
1乗則 $f = C_D v$	$\dfrac{v(\tau)}{V_\infty} = 1 - \exp(-\tau)$	$V_\infty = \dfrac{mg}{C_D}$	$\tau = \dfrac{C_D t}{m}$
2乗則 $f = D v^2$	$\dfrac{v(\tau)}{V_\infty} = \tanh(\tau)$	$V_\infty = \sqrt{\dfrac{mg}{D}}$	$\tau = \sqrt{\dfrac{Dg}{m}} \cdot t$

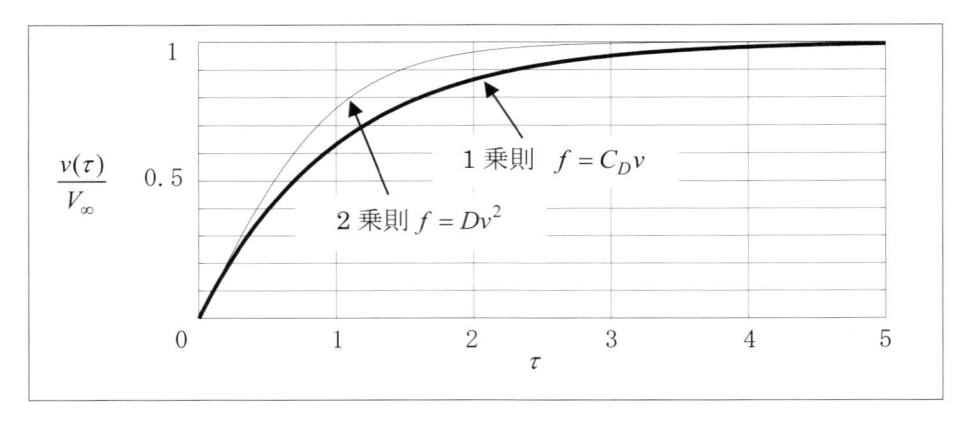

図 6.5 空気抵抗則による落下速度変化の比較

(3) 空気抵抗による損失エネルギー

前項と同じく，空気抵抗によって消耗するエネルギー w を求めてみよう．まず，微小落下距離 $dx(t)$ での空気抵抗力による微小仕事 dw は，式(6.24)と同じようにして，

$$dw = f dx(t) = Dv^2(t) dx(t) \tag{6.58}$$

となる．そして，微小落下距離 $dx(t)$ を速度と微小時間の積

$$dx(t) = v(t) dt \tag{6.59}$$

に置き換えると，微小仕事量は速度の3乗として表される．

$$dw = Dv^3(t) dt \tag{6.60}$$

これに落下開始時刻 $t = 0$ から任意時間 $t = t$ までの積分を行うと，時刻 t までの仕事量 w が求められる．

$$w = \int_{t=0}^{t=t} dw = D \int_{t=0}^{t=t} v^3(t) dt = mg\sqrt{\frac{mg}{D}} \int_{t=0}^{t=t} \tanh^3\left(\sqrt{\frac{Dg}{m}} \cdot t\right) dt \tag{6.61}$$

ここで，無次元時間の式(6.56)と同じような積分の変数変換

$$u = \sqrt{\frac{Dg}{m}} \cdot t \;\Rightarrow\; dt = \sqrt{\frac{m}{Dg}} \cdot du \tag{6.62}$$

を行うと，式(6.61)は

$$w = \frac{m^2 g}{D} \int_{u=0}^{u=\tau} \tanh^3(u) du \tag{6.63}$$

となる．ここに，上限 τ は無次元時間そのものである．この積分を行えば，空気抵抗による仕事量，すなわち損失エネルギーが求められる．しかし，この積分は少し複雑なので，公式集から探すことにする．その公式［森口ほか, 数学公式 I, 岩波, 2008］は

$$\int_{u=0}^{u=\tau} \tanh^3(u)du = \left[-\frac{1}{2}\tanh^2(u) + \log\{\cosh(u)\}\right]_{u=0}^{u=\tau} = -\frac{1}{2}\tanh^2(\tau) + \log\{\cosh(\tau)\} \tag{6.64}$$

である．この積分公式を式(6.63)の仕事量wに適用すると，損失エネルギーは無次元時間の関数として，次式のように表されることになる．

$$w = \frac{m^2 g}{D}\left[\log\{\cosh(\tau)\} - \frac{1}{2}\tanh^2(\tau)\right] \tag{6.65}$$

(4) エネルギーバランス

ここでも，再度エネルギーバランスについて確認してみよう．落下する物体の運動エネルギーは

$$\text{運動エネルギー}: K = \frac{1}{2}mv^2(t) = \frac{1}{2}mV_\infty^2 \tanh^2(\tau) \tag{6.66}$$

であり，落下して失った位置エネルギーは

$$\text{落下による位置エネルギーの消失}: E = mgx(t) = \frac{m^2 g}{D}\log\{\cosh(\tau)\} \tag{6.67}$$

である．以上の準備から，エネルギーバランス

運動エネルギー(K)＋損失エネルギー(w)＝位置エネルギー(E)

を確認する．

まず，運動エネルギーと損失エネルギーの和を求めると，

$$K + w = \frac{1}{2}mV_\infty^2 \tanh^2(\tau) + \frac{m^2 g}{D}\left[\log\{\cosh(\tau)\} - \frac{1}{2}\tanh^2(\tau)\right] \tag{6.68}$$

となる．式中の終末速度をその定義式(6.51)に戻すと，次式となる．

$$K + w = \frac{1}{2}m\frac{mg}{D}\tanh^2(\tau) + \frac{m^2 g}{D}\left[\log\{\cosh(\tau)\} - \frac{1}{2}\tanh^2(\tau)\right]$$
$$= \frac{m^2 g}{D}\log\{\cosh(\tau)\} \equiv E \tag{6.69}$$

これは位置エネルギー式(6.67)であり，エネルギーバランスが確認された．

問題 [6.1]　空気抵抗力は速度に比例するものとして，重力場で落下する物体の終末速度は初速度に無関係であることを示せ．

第7章　吊り下げバネによる振動

　本章では，重力が作用する場での物体の上下振動を検討する．物体は天井から吊り下げられたバネの下端に取り付けられて振動するものとする．この振動を解析することで，初期変位や初速度にかかわらず，振動の様相が本質的には同じ振動であること，すなわち自由（固有）振動は振動を引き起こす初期条件に依存しないことを理解していただきたい．また，強制振動では強制外力の振動とともに，常に固有振動が生じていることも知っておいていただきたい．

7.1　自由振動

　天井から吊り下げられたバネ定数 k [N/m] を持つバネの下端に質量 m [kg] の物体が取り付けられているものとする．そして，この物体を少し引き下げたのち，手を離すと物体は上下に振動する．この上下振動を解析してみよう．
　図 7.1 のように，バネに物体が取り付けられていない「**自然状態**」の下端を基準位置として，下向きを正とする物体の移動距離 x [m] をとる．この距離は時間によって変化するから，時間を変数に持つ関数 $x(t)$ となる．すると，①任意の時刻 t における落下運

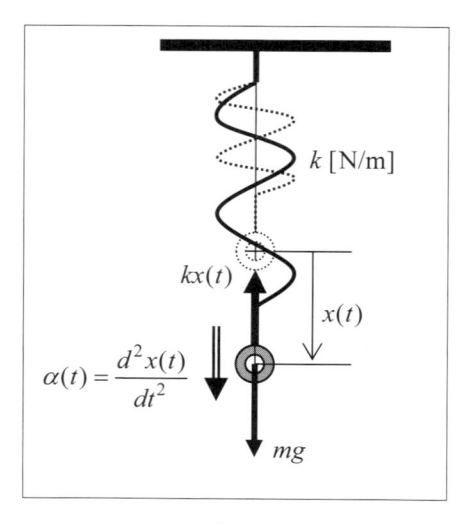

図 7.1　バネによる振動

動の加速度は距離を時間で2階微分したものになる．そして，②作用力は下向きに重力 mg [N]と上向きにバネの復元力 $kx(t)$ が図のように作用するから，運動方向（下向き）の作用力はこの二つの力の差ということになる．

以上の考察で，運動の第二法則を適用する準備が整ったから，式で表現すると，

$$
\begin{array}{ccc}
m & \alpha & = F \\
\Downarrow & \Downarrow & \Downarrow
\end{array}
$$
$$m\frac{d^2 x(t)}{dt^2} = mg - kx(t) \tag{7.1}$$

となる．この運動方程式は，移動距離 $x(t)$ に関する定数係数の非斉次2階微分方程式でもある．

$$\frac{d^2 x(t)}{dt^2} + \frac{k}{m}x(t) = g \tag{7.2}$$

この微分方程式の解法は，第2章で説明した方法で解くことができる．まず，解を斉次解 $x_h(t)$ と特解 $x_p(t)$ の和と考え，それぞれの微分方程式

$$\text{斉次微分方程式：} \frac{d^2 x_h(t)}{dt^2} + \frac{k}{m}x_h(t) = 0 \tag{7.3}$$

$$\text{非斉次微分方程式：} \frac{d^2 x_p(t)}{dt^2} + \frac{k}{m}x_p(t) = g \tag{7.4}$$

の解を求める．

斉次微分方程式は定数係数の微分方程式だから，斉次解は未定パラメータ λ を持つ指数関数

$$x_h(t) = \exp(\lambda t) \tag{7.5}$$

に仮定して，斉次微分方程式(7.3)に代入すれば，パラメータ λ についての特性方程式

$$\lambda^2 + \frac{k}{m} = 0 \tag{7.6}$$

が得られ，固有値

$$\lambda = \pm i\sqrt{\frac{k}{m}} \tag{7.7}$$

が決まる．この結果，斉次解は二つの指数関数の和

$$x_h(t) = c_1 \exp\left(+i\sqrt{k/m} \cdot t\right) + c_2 \exp\left(-i\sqrt{k/m} \cdot t\right) \tag{7.8}$$

となる．ここに，c_1, c_2 は未定係数である．この解は指数部に純虚数を含むから，オイラーの公式(1.3)を用いて三角関数に書き直すことができる．新しく導入した未定係数 A, B を使って，斉次解は以下のように表される．

$$x_h(t) = A\sin\left(\sqrt{k/m} \cdot t\right) + B\cos\left(\sqrt{k/m} \cdot t\right) \tag{7.9}$$

これで斉次解は求められた．次に，非斉次微分方程式(7.4)の特解を求めよう．まず，式(7.4)の非斉次項は重力加速度の定数だから，特解も定数と想定して微分方程式を満足する定数を探すと，簡単に特解が見つかる．その特解は

$$x_p(t) = \frac{mg}{k} \tag{7.10}$$

となる．よって，微分方程式(7.2)（運動方程式）の一般解は

$$x(t) = x_h(t) + x_p(t) = A\sin\left(\sqrt{k/m} \cdot t\right) + B\cos\left(\sqrt{k/m} \cdot t\right) + \frac{mg}{k} \tag{7.11}$$

となり，速度の一般解は

$$v(t) = \frac{dx(t)}{dt} = \sqrt{k/m}\left\{A\cos\left(\sqrt{k/m} \cdot t\right) - B\sin\left(\sqrt{k/m} \cdot t\right)\right\} \tag{7.12}$$

となる．ここに，A, B は未定係数である．次項では，この一般解に初期条件を与えて具体的な振動を調べてみることにする．

（1） 初期変位

式(7.11),(7.12)の解では，未定係数 A, B を含むので具体的な運動はわからない．未定係数を決めるために，運動を開始するときの条件，すなわち初期条件を与えなくてはならない．先にも触れたように，運動を開始させるために，少し下へ引っ張ってから，そっと手離すことを初期条件とするならば，下へ引っ張った距離を x_0 [m] とすれば，初期速度はないことになる．これを式で表現すると，

$$x(0) = x_0, \quad v(0) = \left.\frac{dx(t)}{dt}\right|_{t=0} = 0 \,;\quad t = 0 \tag{7.13}$$

となる．この初期条件に式(7.11),(7.12)の一般解を代入すると，未定係数に関する簡単な連立方程式となる．

$$\begin{cases} B + \dfrac{mg}{k} = x_0 \\ A = 0 \end{cases} \Rightarrow \begin{cases} A = 0 \\ B = x_0 - \dfrac{mg}{k} \end{cases} \tag{7.14}$$

この結果，未定係数が決まり，移動距離と速度の時間変化が確定する．

$$x(t) = \left(x_0 - \dfrac{mg}{k}\right)\cos\left(\sqrt{k/m}\cdot t\right) + \dfrac{mg}{k}, \quad v(t) = -\sqrt{k/m}\left(x_0 - \dfrac{mg}{k}\right)\sin\left(\sqrt{k/m}\cdot t\right) \tag{7.15}$$

まず，上式中の移動距離 $x(t)$ を観察してみよう（簡単な三角関数の表示だから，式のみで議論ができそうだ！）．この移動距離は $x = mg/k$ を中心として，最大 $+x_0$，最小 $-(x_0 - 2mg/k)$ 内を三角関数の時間変化として往復しており，三角関数の係数（$x_0 - mg/k$）が往復運動の振幅を示している．そして，三角関数の時間変数の係数 $\sqrt{k/m}$ が大きくなると，往復運動が速くなる．そこで，このような運動を「**振動(vibration)**」と呼び，三角関数の係数 $(x_0 - mg/k)$ を「**振幅(amplitude)**」，時間変数の係数 $\sqrt{k/m}$ を「**振動数(frequency)**」と呼ぶ．これは「**角振動数**」とも呼ばれることがあるが，本書では「回転運動の角振動数」と区別するために，単に振動数と呼ぶことにする．通常，振動数には記号 ω が用いられ，本章の振動では

$$\omega = \sqrt{k/m} \quad [\text{rad/s}] \tag{7.16}$$

が振動数である．

さて，もう一つ気づくことがある．それは，もし初期引張り距離が

$$x_0 = \dfrac{mg}{k} \tag{7.17}$$

ならば，三角関数の係数はゼロとなり，振動しないことになる．これは $mg = kx_0$ であり，物体の重さでバネが伸びた変位と初期変位とが等しいことを意味しており，すなわち，物体がバネに掛けられた状態のままでは振動は生じない．この平衡位置から少しずれるように押すか，引っ張らなければ振動が生じないことを意味している．そこで，式(7.15)を物体の重量によるバネの伸びを差し引いた変位量で表せば，

$$x(t) - \dfrac{mg}{k} = \left(x_0 - \dfrac{mg}{k}\right)\cos\left(\sqrt{k/m}\cdot t\right) \tag{7.18}$$

となり，純粋な三角関数の振動，すなわち「**単振動**」の表示式となる．

(a) エネルギーバランス

振動する物体のエネルギーバランスについて考えてみよう．まず，バネがまったく伸

びていない位置を位置エネルギーの基準位置として考えるとわかりやすい．そして，物体が上下振動を始める初期のエネルギーについて考えると，次の二つとなる．

① 初期変位 x_0 によってバネに蓄えられたエネルギー：$E_0 = \frac{1}{2}kx_0^2$

② 初期変位によって失った物体の位置エネルギー：$E_1 = -mgx_0$

この二つの和（差）が初期エネルギー

$$E_{\text{start}} = E_0 + E_1 = \frac{1}{2}kx_0^2 - mgx_0 \tag{7.19}$$

である．一方，運動している任意時刻でのエネルギーは

③ 運動エネルギー：$K = \frac{1}{2}mv^2(t)$

④ 伸び $x(t)$ のバネに蓄えられたエネルギー：$E_2 = \frac{1}{2}kx^2(t)$

⑤ 物体の失った位置エネルギー：$E_3 = -mgx(t)$

であり，この三種のエネルギーの和が運動中のエネルギー

$$E_{\text{motion}} = K + E_2 + E_3 = \frac{1}{2}mv^2(t) + \frac{1}{2}kx^2(t) - mgx(t) \tag{7.20}$$

となる．そこで，運動開始時のエネルギー E_{start} が運動中も保持されているかどうか確認しよう．そのため，変位と速度の式(7.15)を運動中のエネルギー式(7.20)に代入して，これが初期エネルギー式(7.19)と等しくなるかどうか，調べてみる．その計算過程は，以下のとおりである．

$$\begin{aligned}
E_{\text{motion}} &= K + E_2 + E_3 = \frac{1}{2}mv^2(t) + \frac{1}{2}kx^2(t) - mgx(t) \\
&= \frac{1}{2}k\left(x_0 - \frac{mg}{k}\right)^2 \sin^2\left(\sqrt{k/m} \cdot t\right) + \frac{1}{2}k\left\{\frac{mg}{k} + \left(x_0 - \frac{mg}{k}\right)\cos\left(\sqrt{k/m} \cdot t\right)\right\}^2 \\
&\quad - mg\left\{\frac{mg}{k} + \left(x_0 - \frac{mg}{k}\right)\cos\left(\sqrt{k/m} \cdot t\right)\right\} \\
&= \frac{1}{2}kx_0^2 - mgx_0 \equiv E_{\text{start}}
\end{aligned} \tag{7.21}$$

最後の式は初期エネルギーそのものであるから，やはりエネルギーバランスの成立を確認できた．このエネルギーバランスの意味は，「**初期エネルギーと運動中に失う位置エネルギーとが運動エネルギーとバネの伸縮エネルギーに分配される**」ということである．

もし位置エネルギーを考えないならば，初期エネルギーが運動エネルギーとバネの伸縮エネルギーに変換されることになる．そして，運動エネルギーとバネのエネルギーは交互に増大・減少を繰り返すことになる．これが振動現象の本質である．

(2) 初期速度

質量 m の物体をバネに吊るせば，バネは mg/k だけ伸びて物体は静止する．この状態で下向き初速度 V_0 [m/s] を物体に与えれば，物体はどのように運動するのか？ これを解析してみよう．

運動の開始時に物体は既に伸びているので，初期変位 mg/k がある．これに加えて初期速度を与えることになるので，この場合の初期条件式は

$$x(0) = mg/k, \quad v(0) = \left.\frac{dx(t)}{dt}\right|_{t=0} = V_0 ; \quad t=0 \tag{7.22}$$

となる．これを一般解である式(7.11),(7.12)に適用すると，簡単な連立方程式

$$\begin{cases} x(0) = B + \dfrac{mg}{k} = \dfrac{mg}{k} \\ v(0) = \sqrt{k/m}\,A = V_0 \end{cases} \Rightarrow \begin{cases} A = V_0\sqrt{m/k} \\ B = 0 \end{cases} \tag{7.23}$$

となり，変位と速度が決まる．

$$x(t) - \frac{mg}{k} = V_0\sqrt{m/k}\sin\left(\sqrt{k/m}\cdot t\right), \quad v(t) = V_0\cos\left(\sqrt{k/m}\cdot t\right) \tag{7.24}$$

この結果を初期変位で振動させた場合の応答式(7.15),(7.18)と比較すると，三角関数のサインとコサインや振幅に違いはあるものの，$x = mg/k$ を中心として同じ振動数 $\sqrt{k/m}$ で振動することに変わりない．このように振動数が初期条件によって変わらないのは，振動数が微分方程式(7.2)の係数である質量 m とバネ定数 k のみで決まる「**固有値**」であることによる．そして，この振動数のことを「**固有振動数**」，固有振動数での振動を「**自由(固有)振動**」と呼ぶ．

(a) エネルギーバランス

初期エネルギーは

① 物体の重量によって伸びたバネに蓄えられたエネルギー：$E_0 = \dfrac{1}{2}k(mg/k)^2$

② 初速度を与えたことによる運動エネルギー：$K_0 = \dfrac{1}{2}mV_0^2$

③ 初期変位 mg/k によって失った位置エネルギー：$E_1 = -mg(mg/k)$

であるから，運動開始時のエネルギーは

$$E_{\text{start}} = E_0 + K_0 + E_1 = \frac{1}{2}mV_0^2 - \frac{1}{2}\frac{(mg)^2}{k} \tag{7.25}$$

である．これに対して，運動中は前 7.1 (1)(a) 項と同じであり

④ 運動エネルギー：$K_1 = \dfrac{1}{2}mv^2(t)$

⑤ 伸び $x(t)$ のバネに蓄えられたエネルギー：$E_2 = \dfrac{1}{2}kx^2(t)$

⑥ 失った位置エネルギー：$E_3 = -mgx(t)$

の3成分となり，運動中のエネルギーは次式で表される．

$$E_{\text{motion}} = K_1 + E_2 + E_3 = \frac{1}{2}mv^2(t) + \frac{1}{2}kx^2(t) - mgx(t) \tag{7.26}$$

よって，エネルギーバランスは

$$E_{\text{start}} = E_{\text{motion}} \tag{7.27}$$

となるはずである．そこで，変位と速度の式(7.24)を式(7.26)に代入して，式(7.27)のエネルギーバランスが成立するかどうか確認してみよう．その計算過程は，次式のとおりである．

$$\begin{aligned}
E_{\text{motion}} &= \frac{1}{2}mv^2(t) + \frac{1}{2}kx^2(t) - mgx(t) \\
&= \frac{1}{2}mV_0^2\cos^2\left(\sqrt{k/m}\cdot t\right) + \frac{1}{2}k\left\{\frac{mg}{k} + V_0\sqrt{\frac{m}{k}}\sin\left(\sqrt{k/m}\cdot t\right)\right\}^2 - mg\left\{\frac{mg}{k} + V_0\sqrt{\frac{m}{k}}\sin\left(\sqrt{k/m}\cdot t\right)\right\} \\
&= \frac{1}{2}mV_0^2 - \frac{1}{2}\frac{(mg)^2}{k} \equiv E_{\text{start}}
\end{aligned} \tag{7.28}$$

初期エネルギーと運動中のエネルギーが等しく，エネルギーバランスの確認が終了した（計算は正しかった！ホッ！）．

7.2 強制振動

重力に加えて，何らかの方法で外部から物体に力が作用する場合の運動について検討を行う．外部からの力（外力）は運動方程式(7.1)の作用力の項に加わるので，$F = m\alpha$ の運動方程式を立てるところに戻って検討を開始する．

図 7.2 のように外力は振動数 λ [rad/s] の変動力 $f = f_0 \sin(\lambda t)$ [N] とすれば，運動方程式(7.1)の外力項に追加される．

$$m\frac{d^2 x(t)}{dt^2} = mg - kx(t) + f_0 \sin(\lambda t) \tag{7.29}$$

これは，時間変化の非斉次項を持つ非斉次微分方程式である．

$$\frac{d^2 x(t)}{dt^2} + \sqrt{\frac{k}{m}}^2 x(t) = g + \frac{f_0}{m}\sin(\lambda t) \tag{7.30}$$

よって，斉次微分方程式と非斉次微分方程式とに分けて解を求めることにする．

斉次微分方程式の解を $x_h(t)$ とすると，解くべき斉次微分方程式は式(7.3)と同じ

$$\frac{d^2 x_h(t)}{dt^2} + \sqrt{\frac{k}{m}}^2 x_h(t) = 0 \tag{7.31}$$

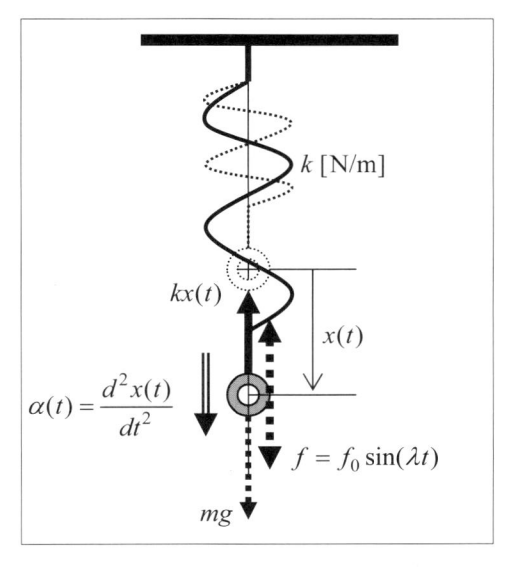

図 7.2 強制外力による振動

であり，この解は

$$x_h(t) = A\sin\left(\sqrt{k/m}\cdot t\right) + B\cos\left(\sqrt{k/m}\cdot t\right) \tag{7.32}$$

となる．ここに，A, B は未定係数である．

特解 $x_p(t)$ の非斉次微分方程式は

$$\frac{d^2 x_p(t)}{dt^2} + \sqrt{\frac{k}{m}}^2 x_p(t) = g + \frac{f_0}{m}\sin(\lambda t) \tag{7.33}$$

である．非斉次項は，定数の重力加速度と振動する強制外力の2項になっているので，それぞれの項に応じた特解を求めることにする．重力加速度に応じた特解を $x_{p_1}(t)$ とすれば，その微分方程式は定数の非斉次項を持つ

$$\frac{d^2 x_{p_1}(t)}{dt^2} + \sqrt{\frac{k}{m}}^2 x_{p_1}(t) = g \tag{7.34}$$

となり，前節の検討から特解はたやすく求められる．

$$x_{p_1}(t) = \frac{mg}{k} \tag{7.35}$$

次に，振動外力に応じた特解を $x_{p_2}(t)$ とすれば，その微分方程式は

$$\frac{d^2 x_{p_2}(t)}{dt^2} + \sqrt{\frac{k}{m}}^2 x_{p_2}(t) = \frac{f_0}{m}\sin(\lambda t) \tag{7.36}$$

となる．この微分方程式の非斉次項は定数ではなく，三角関数的に変化する関数であるから，簡単には求められない．そこで，微分方程式をよく眺めてみる．そうすると，左辺の未知関数 $x_{p_2}(t)$ の2階微分とゼロ階微分が右辺の $\sin(\lambda t)$ と同じにならなければならない．三角関数の2階微分は元の三角関数に戻るから，このような条件を満足する解は非斉次項と同じ $\sin(\lambda t)$ の三角関数でなくてはならない．そこで，特解を非斉次項と同じ関数に仮定する．

$$x_{p_2}(t) = C\sin(\lambda t) \tag{7.37}$$

ここに，C はこれから決める未定係数である．そして，式(7.37)を非斉次微分方程式(7.36)に代入すると，

$$C\left(-\lambda^2 + \sqrt{\frac{k}{m}}^2\right)\sin(\lambda t) = \frac{f_0}{m}\sin(\lambda t) \tag{7.38}$$

となる．両辺がすべての時間において等しくなるには，三角関数の係数が等しくなくてはならないから，未定係数 C を決めるための条件が得られる．

$$C\left(-\lambda^2 + \sqrt{\frac{k}{m}}^2\right) = \frac{f_0}{m} \quad \Rightarrow \quad C = \frac{f_0/m}{\sqrt{k/m}^2 - \lambda^2} \tag{7.39}$$

よって，第二の特解は

$$x_{p_2}(t) = \frac{f_0/m}{\sqrt{k/m}^2 - \lambda^2}\sin(\lambda t) \tag{7.40}$$

となる．以上の特解をまとめると，

$$x_p(t) = x_{p_1}(t) + x_{p_2}(t) = \frac{mg}{k} + \frac{f_0/m}{\sqrt{k/m}^2 - \lambda^2}\sin(\lambda t) \tag{7.41}$$

となる．これに斉次解を加えて，微分方程式(7.30)の一般解となる．すなわち，

$$\begin{aligned}x(t) &= A\sin\left(\sqrt{k/m}\cdot t\right) + B\cos\left(\sqrt{k/m}\cdot t\right) + \frac{mg}{k} + \frac{f_0/m}{\sqrt{k/m}^2 - \lambda^2}\sin(\lambda t) \\ v(t) &= \sqrt{k/m}\left\{A\cos\left(\sqrt{k/m}\cdot t\right) - B\sin\left(\sqrt{k/m}\cdot t\right)\right\} + \frac{f_0/m}{\sqrt{k/m}^2 - \lambda^2}\lambda\cos(\lambda t)\end{aligned} \tag{7.42}$$

である．

一般解の式(7.42)中の未定係数 A, B を決めるために初期条件を与える．運動の開始時はバネが物体の重量によって伸びているから，初期変位は

$$x(0) = mg/k; \quad t = 0 \tag{7.43}$$

である．しかし，物体は静止しているので初速度はない．

$$v(0) = \left.\frac{dx(t)}{dt}\right|_{t=0} = 0; \quad t = 0 \tag{7.44}$$

この二つの条件を一般解である式(7.42)に適用すると，未定係数が決定される．

$$\begin{cases}B + mg/k = mg/k \\ \sqrt{k/m}A + \dfrac{f_0/m}{\sqrt{k/m}^2 - \lambda^2}\lambda = 0\end{cases} \Rightarrow \begin{cases}B = 0 \\ A = -\dfrac{f_0/m}{\sqrt{k/m}^2 - \lambda^2}\dfrac{\lambda}{\sqrt{k/m}}\end{cases} \tag{7.45}$$

この結果を一般解，式(7.42)に代入すると，強制振動外力による物体の運動が完全に決まる．

$$x(t) = \frac{mg}{k} - \frac{f_0/m}{\sqrt{k/m}^2 - \lambda^2}\left\{\frac{\lambda}{\sqrt{k/m}}\sin\left(\sqrt{k/m}\cdot t\right) - \sin(\lambda t)\right\} \tag{7.46}$$

$$v(t) = -\frac{f_0/m}{\sqrt{k/m}^2 - \lambda^2} \lambda \left\{ \cos\left(\sqrt{k/m} \cdot t\right) - \cos(\lambda t) \right\} \tag{7.47}$$

この解を解釈してみよう．変位式(7.46)をよく眺めると，以下のことが判明する．

① 右辺第1項の mg/k は物体の重量によるバネの伸びを表し，

② 第2項の中カッコ内の第1項はバネ・質量の組合せによる固有振動数 $\sqrt{k/m}$ [rad/s]での自由振動を表し，

③ 同カッコ内第2項は強制外力と同じ振動数 λ [rad/s]での振動を表している．

そして，上記の3変位成分が結合された形で全変位，すなわち運動が生じていることになる．特に注意して欲しいのは，強制外力で振動させると，自分自身の固有振動と強制振動とが混在して振動し，強制力による振動のみではないことである．

(1) 無次元化

これで物体の運動が完全に決まった．振動変位をグラフに描いてどのような時間変化をしているか調べてみよう．そのために，無次元化を行ってグラフを描きやすくしよう．当然，具体的な物性値を必要としないようにまとめなくてはならない．まず，固有振動数

$$\omega = \sqrt{k/m} \tag{7.48}$$

を基準振動数として，強制振動数をその β 倍とするパラメータ β を導入する．

$$\lambda = \beta\omega \tag{7.49}$$

そして，式(7.46)に代入して整理すると，

$$x(t) - \frac{mg}{k} = \frac{f_0/m}{\omega^2 - (\beta\omega)^2} \left\{ \sin(\beta\omega t) - \frac{\beta\omega}{\omega} \sin(\omega t) \right\} = \frac{f_0/m}{\omega^2(1-\beta^2)} \{\sin(\beta\omega t) - \beta\sin(\omega t)\} \tag{7.50}$$

となる．そこで，無次元時間

$$\tau = \omega t \tag{7.51}$$

を導入して，振動変位を無次元表示に直すと，

$$\frac{x(t) - mg/k}{f_0/k} = \frac{\sin(\beta\tau) - \beta\sin(\tau)}{1-\beta^2} \tag{7.52}$$

となる．この無次元化は外力の最大値 f_0 でバネが伸ばされる長さ f_0/k を基準長さとして，振動振幅を無次元にしていることになる．

さて，式(7.52)には，振動数比のパラメータ β が含まれている．そこで，図7.3に，

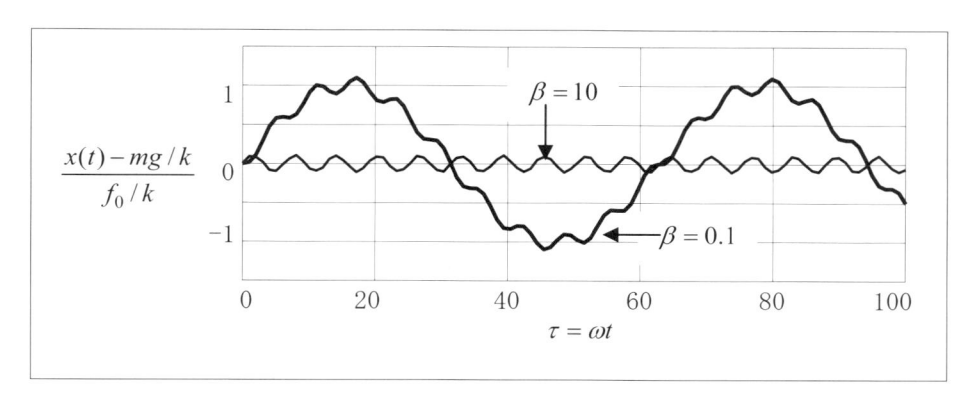

図 7.3 振動数比パラメータ β による振動の相違

パラメータの小さな値と大きな値の二つのケースの変化を示す．この図から，パラメータ β の値によって振動の様相が異なっていることが判明する．小さな β ならば，応答はゆっくりした大きな振動に小さく速い振動がオーバーラップし，二つの振動が混在していることが確認される．他方，大きな β ならば，応答の振幅は小さいものの速く振動している．この相違の原因を調べるために，無次元応答式(7.52)中のパラメータ β の効果について検討してみよう．まず，β が小さい場合は

$$1-\beta^2 \approx 1, \quad \sin(\beta\tau)-\beta\sin(\tau) \approx \sin(\beta\tau) \tag{7.53}$$

だから，応答は

$$\frac{x(t)-mg/k}{f_0/k} \approx \sin(\beta\tau) \tag{7.54}$$

となる．すなわち，物体は強制外力の振動数でゆっくり振動する．一方，β が大きい場合は

$$1-\beta^2 \approx -\beta^2, \quad \sin(\beta\tau)-\beta\sin(\tau) \approx -\beta\sin(\tau) \tag{7.55}$$

となり，応答は次式となる．

$$\frac{x(t)-mg/k}{f_0/k} \approx \frac{1}{\beta}\sin(\tau) \tag{7.56}$$

これは，物体が固有振動数で振動することであり，振幅が $1/\beta$ と小さくなる．

すなわち，外力の振動数が大きいとバネ・質量で構成された振動体は外力の動きに追随できず，自分自身の振動数で小さく振動するということを示している．しかし，外力の振動数が低いときは，外力の振動に追随して物体が振動するものの，自分自身が持つ固有振動数でも振動し，大きなゆっくりした外力の振動に自由（固有）振動がオーバー

ラップするということである．

(2) 共　振

振動の変位式(7.46)を見ると，強制振動の振動数λが固有振動数$\sqrt{k/m}$と等しくなり，分母がゼロとなって発散しそうである．しかし，二つのサイン関数の変数も同じになり，差し引きゼロになるのかどうか明らかではない．そこで，強制振動の振動数が固有振動数に近くなった場合の様相を調べてみよう．

まず，計算を楽にするために固有振動数を新しい記号ω

$$\omega = \sqrt{k/m} \tag{7.57}$$

に置き換えて，変位式(7.46)を書き直す．

$$x(t) - \frac{mg}{k} = -\frac{f_0}{m\omega} \frac{\omega \sin(\lambda t) - \lambda \sin(\omega t)}{(\lambda - \omega)(\lambda + \omega)} \tag{7.58}$$

そして，強制振動の振動数が固有振動数に極めて近くなったものとして，強制振動の振動数を固有振動数マイナス微小変化量δとする．

$$\lambda = \omega - \delta \; ; \quad \delta \to 0 \tag{7.59}$$

そこで，この近似式(7.59)を変位式(7.58)に代入するために以下のような準備を行う．

$$\begin{aligned}\sin(\lambda t) &= \sin\{(\omega - \delta)t\} = \sin(\omega t)\cos(\delta t) - \cos(\omega t)\sin(\delta t) \\ &\quad \because \sin(\delta t) \to \delta t, \quad \cos(\delta t) \to 1 \; ; \quad \delta \to 0 \\ &\approx \sin(\omega t) - \delta t \cos(\omega t) \; ; \quad \delta \to 0\end{aligned} \tag{7.60}$$

$$\begin{aligned}(\lambda - \omega)(\lambda + \omega) &= (\omega - \delta - \omega)(\omega - \delta + \omega) = -\delta(2\omega - \delta) \\ &\approx -2\delta\omega \; ; \quad \delta \to 0\end{aligned} \tag{7.61}$$

上2式を変位式(7.58)に代入し，以下のように整理する．

$$\begin{aligned}x(t) - \frac{mg}{k} &= -\frac{f_0}{m\omega} \frac{\omega \sin(\lambda t) - \lambda \sin(\omega t)}{(\lambda - \omega)(\lambda + \omega)} \\ &\approx -\frac{f_0}{m\omega} \frac{\omega\{\sin(\omega t) - \delta t \cos(\omega t)\} - (\omega - \delta)\sin(\omega t)}{-2\delta\omega} \\ &= -\frac{f_0}{m\omega} \frac{-\sin(\omega t) + \omega t \cos(\omega t)}{2\omega} \\ &= \frac{f_0}{2k}\{\sin(\omega t) - \omega t \cos(\omega t)\} \; ; \quad \lambda \to \omega\end{aligned} \tag{7.62}$$

さらに，式(7.51)の無次元時間τを使って，この最終式を無次元化すると，

$$\frac{x(t) - mg/k}{f_0/k} \approx \frac{1}{2}(\sin\tau - \tau\cos\tau) \; ; \quad \lambda \to \omega \tag{7.63}$$

となる．これをグラフに表したものが図 7.4 である．図中での振動振幅は時間の経過につれて直線的に増大している．

この結果，強制振動の振動数が固有振動数に近づくと，振動変位の振幅が時間の 1 次関数的に増大し，時間経過とともに発散することが判明した．この振幅増大の様子をきちんと観察するために，三角関数の合成式

$$A\sin(x) + B\cos(x) = \sqrt{A^2 + B^2}\sin(x+\phi) ; \quad \phi = \tan^{-1}\left(\frac{B}{A}\right) \tag{7.64}$$

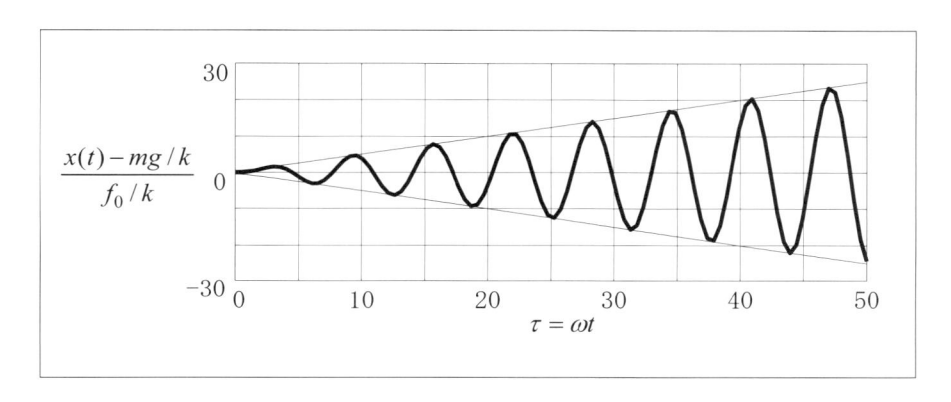

図 7.4 共振振動数での振幅成長

を利用して，式(7.63)を単一の三角関数に書き直す．

$$\frac{x(t) - mg/k}{f_0/k} \approx \frac{1}{2}\sqrt{\tau^2 + 1}\sin(\tau - \phi) ; \quad \phi = \tan^{-1}(\tau) \tag{7.65}$$

この結果，振幅は時間関数 $\sqrt{\tau^2+1}$ として増大し，時間が経過すればほぼ時間の 1 次関数

$$\sqrt{\tau^2 + 1} \approx \tau ; \quad \tau \to \infty \tag{7.66}$$

として振動が発散することになる．このように，固有振動数と外力の振動数が一致して振幅が発散することを「**共振**（resonance）」もしくは「**共鳴**」と呼んでいる．

最後に，強制振動外力が作用してから，どの程度の時間が経過すれば大きな振動，ほぼ共振状態になるのか調べてみよう．

式(7.65)に近似式(7.66)を適用して振幅のみを求めると，

$$\left|\frac{x(t) - mg/k}{f_0/k}\right| \approx \frac{\tau}{2} \tag{7.67}$$

そこで，振幅比が 100 倍

$$\left|\frac{x(t)-mg/k}{f_0/k}\right|=\frac{\tau}{2}=100 \tag{7.68}$$

になる時間 τ を求めると，

$$\tau(=\omega t)=200 \tag{7.69}$$

となり，これを無次元時間の定義式(7.51)に戻って実時間に戻すと，

$$t=200/\omega \ [\text{s}] \tag{7.70}$$

そこで，①低い固有振動数（10Hz）と，②高い固有振動数（1kHz）とで，振幅が100倍になるまでの時間を比較すると，

① $\omega=10\,[\text{Hz}]=2\pi\times 10\,[\text{rad/s}]=20\pi\,[\text{rad/s}] \Rightarrow t=200/(20\pi)\,[\text{s}]\approx 3.2$ 秒

② $\omega=1\,[\text{kHz}]=2\pi\times 1000\,[\text{rad/s}]=2000\pi\,[\text{rad/s}] \Rightarrow t=200/(2000\pi)\,[\text{s}]\approx 0.032$ 秒

となり，低い固有振動数の場合では100倍の振幅に成長するのに約3.2秒かかるが，高い固有振動数ではわずか0.03秒である．バネと質量で構成する振動体の固有振動数が高ければ高いほど，強制外力が作用した途端に共振状態になるということである．

問題 [7.1] 図7.5のようにバネ定数 $k\,[\text{N/m}]$ のバネ上端に質量 $m\,[\text{kg}]$ の錘を取り付けた．重力加速度を $g\,[\text{m/s}^2]$ として，

(1) このバネ・質量系の運動方程式を導き，固有振動数を求めよ．
(2) 下方に $x_0\,[\text{m}]$ だけ押し縮めてから，手を離した場合の運動を解析せよ．

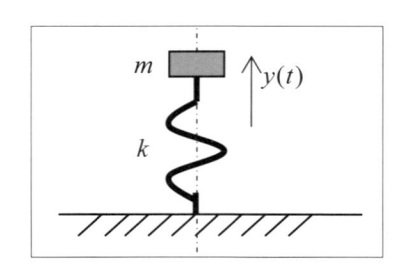

図7.5 上向きバネによる振動モデル

第8章　水平運動

本章では，水平な床上を移動する物体の運動について検討を行う．はじめの2節では摩擦抵抗のない場合を扱い，後節では摩擦抵抗を考慮した場合の運動を解析する．解析方法は，前章までの落下・上昇運動とまったく同じである．ここでは，どのような運動にもニュートンの運動則が適用されることを理解していただきたい．

8.1　初速度による運動

図 8.1 に示すように摩擦のない滑らかな床上を質量 m [kg] の物体が水平に運動する場合を考える．床に沿って x 座標を取り，物体の移動距離（変位）をその座標値とする．物体の位置は時間 t [s] によって変化するから，移動距離は時間の関数 $x(t)$ [m] となる．

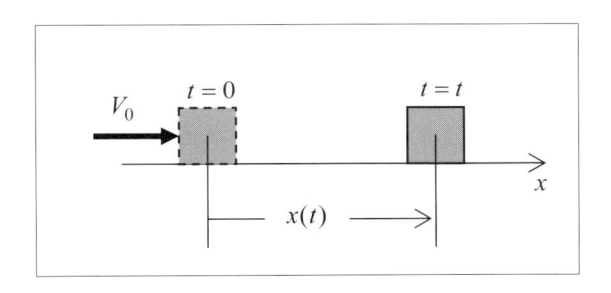

図 8.1　滑らかな床上の運動

時刻 t での速度 $v(t)$ と加速度 $\alpha(t)$ はともに水平方向であり，

$$v(t) = \frac{dx(t)}{dt}, \quad \alpha(t) = \frac{dv(t)}{dt} = \frac{d^2x(t)}{dt^2} \tag{8.1}$$

と表される．そして時刻 t の瞬間にニュートンの運動則を適用する．ここでは外力は何も作用していないので，運動方程式(3.10)中の外力項は $F=0$ であり，運動方程式は

$$m\frac{d^2x(t)}{dt^2} = 0 \tag{8.2}$$

となる．これは，移動距離 $x(t)$ についての簡単な微分方程式である．すなわち，順次積

分すれば，速度と変位の一般解が求められる．

$$v(t) = \frac{dx(t)}{dt} = c_1, \quad x(t) = c_1 t + c_2 \tag{8.3}$$

上式中の積分定数（未定係数）c_1 と c_2 は運動開始時刻 $t = 0$ での初期条件によって決定される．初期の位置が座標原点，そのときの速度，すなわち初速度が V_0 とすれば，二つの初期条件

$$x(0) = 0, \quad v(0) = V_0; \quad t = 0 \tag{8.4}$$

が与えられる．この条件を式(8.3)に適用すると，積分定数が簡単に決まる．

$$v(0) = c_1 = V_0, \quad x(0) = c_2 = 0 \tag{8.5}$$

これを式(8.3)に代入すれば，物体の速度と移動距離（変位）の時間による変化が完全に決まる．

$$v(t) = V_0, \quad x(t) = V_0 t \tag{8.6}$$

これは大変簡単な結果である．定速度で運動している物体は外部から何も力が作用しなければ，その速度のまま運動を続けるという「**慣性の法則**」そのものである．ちなみち，初期運動エネルギーが同じく運動エネルギーとなっている．

$$運動エネルギー：K_0 = K = \frac{1}{2} m V_0^2 \tag{8.7}$$

8.2 推進力による運動

初速度の代わりに，図 8.2 のように水平推進力 F_0 [N] が最初から T [s] 時間作用する場合の運動を考える．この場合，運動方程式は推進力の作用時間（$0 \leq t < T$）と推進力がなくなった後の時間（$t > T$）とに分けて立てられる．そこで，推進力が作用する間の水平移動距離を $x_1(t)$ [m]，推進力がなくなったあとの始点からの距離を $x_2(t)$ [m] とする．

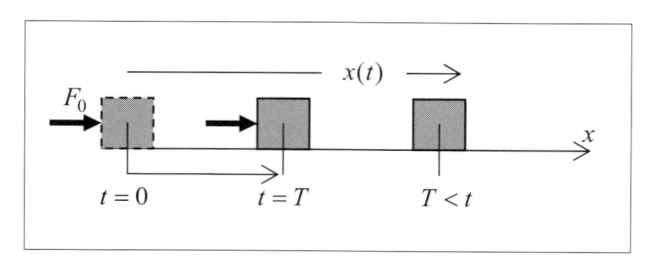

図 8.2 水平推進力による床上運動

推進力が作用している間の運動方程式は

$$m\frac{d^2 x_1(t)}{dt^2} = F_0 \; ; \quad 0 \leq t < T \tag{8.8}$$

である．推進力が作用しなくなった以後では，

$$m\frac{d^2 x_2(t)}{dt^2} = 0 \; ; \quad T < t \tag{8.9}$$

となる．上式(8.8),(8.9)は，大変簡単な微分方程式であるから，それぞれを順次積分すると，

$$v_1(t) = \frac{F_0 t}{m} + c_1, \quad x_1(t) = \frac{F_0 t^2}{2m} + c_1 t + c_2 \; ; \quad 0 \leq t < T \tag{8.10}$$

$$v_2(t) = c_3, \quad x_2(t) = c_3 t + c_4 \; ; \quad T < t \tag{8.11}$$

となる．ここに，$c_1, \cdots, c_4$ は積分定数（未定係数）である．

次に，積分定数を決めるために，第5.2節と同じく，初期条件と連続の条件を与える．初期位置は座標原点，初速度はないものとすれば，初期条件は

$$v_1(0) = 0, \quad x_1(0) = 0 \tag{8.12}$$

となる．力が作用しなくなったあとの速度・移動距離に含まれる未定係数 c_3, c_4 を決めるために，時刻 $t = T$ では速度と移動距離の**連続条件**

$$v_1(T) = v_2(T), \quad x_1(T) = x_2(T) \tag{8.13}$$

を与える．すると，初期条件式(8.12)から

$$c_1 = 0, \quad c_2 = 0 \tag{8.14}$$

となる．また，連続条件式(8.13)から，c_3, c_4 についての簡単な連立方程式

$$\frac{F_0 T}{m} = c_3, \quad \frac{F_0 T^2}{2m} = c_3 T + c_4 \tag{8.15}$$

が得られる．これを解くと，

$$c_3 = \frac{F_0 T}{m}, \quad c_4 = -\frac{F_0 T^2}{2m} \tag{8.16}$$

となる．この結果を式(8.10),(8.11)に代入して整理すると，各時間区間における速度と移動距離が完全に決まる．

$$v_1(t) = \frac{F_0 t}{m}, \quad x_1(t) = \frac{F_0 t^2}{2m} \; ; \quad 0 \leq t < T \tag{8.17}$$

$$v_2(t) = \frac{F_0 T}{m}, \quad x_2(t) = \frac{F_0 T}{m}\left(t - \frac{T}{2}\right); \quad T < t \tag{8.18}$$

この結果を図示すると図 8.3 のようになる．すなわち，速度は推進力が作用する間は直線的に増加し，最高速度 $F_0 T/m$ に達する．そして推進力がなくなると，この最高速度で定速運動を続ける．一方，移動距離は推進力が作用する間は 2 次関数的に増加し，推進力がなくなると，定速運動だから 1 次関数的に増加する．

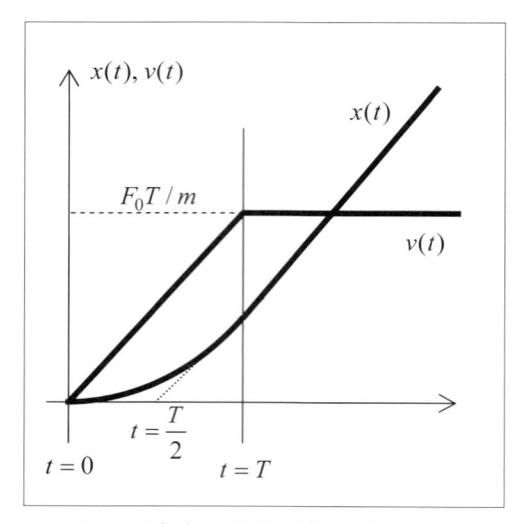

図 8.3 速度と移動距離の時間変化

(1) 力積と運動量

物体には水平力 F_0 が時間 T の間作用したので，"**力積**" Q は

$$Q = F_0 T \tag{8.19}$$

となる．これに対して，時刻 $t = T$ での物体の "**運動量**" Q' は，式(8.17)の速度式から

$$Q' = mv_1(T) = m\frac{F_0 T}{m} = F_0 T \tag{8.20}$$

となり，第 3.6 節の式(3.32)の運動量と力積の等値関係 $Q = Q'$ が確認できる．

いま，力積 Q を一定に保ったまま推進力の作用時間 T のゼロ極限を取ることにすると，式(8.17)の有効時間はなくなり，式(8.18)の $x_2(t), v_2(t)$ みが有効な解

$$v_2(t) = \frac{Q}{m}, \quad x_2(t) = \frac{Q}{m}t; \quad 0 < t \tag{8.21}$$

となる．この式中の速度は力積÷質量＝速度（$Q/m = V_0$）になっており，力積によって

生じた速度の定速度運動となる．これは，前節の初速度を $V_0 = Q/m$ としたものと同じになっている．したがって，「**初速度を与えるということは，力積を瞬間的に加えること**」でもあることが確認される．

(2) 推進力のエネルギー

推進力 F_0 によって物体に加えられたエネルギーを求める．このエネルギーは，推進力の仕事量に等しいから，時刻 t のときに推進力 F_0 が物体を微小距離 $dx_1(t)$ 移動させた微小仕事量 dw を求めると，

$$dw = F_0 dx_1(t) = F_0 v_1(t) dt \tag{8.22}$$

となる．これを推進力の作用時間 T まで積分すると，推進力の全仕事量 w が決まる．

$$w = \int_{t=0}^{t=T} dw = \int_{t=0}^{t=T} F_0 v_1(t) dt = \int_{t=0}^{t=T} \frac{F_0^2}{m} t \, dt = \frac{1}{2m}(F_0 T)^2 \tag{8.23}$$

これが推進力によって物体に与えられたエネルギーである．

次に，エネルギーバランスについて確認してみよう．物体が推進力から得たエネルギーは，その後，運動エネルギーとなって物体を移動させているはずであるから，エネルギーバランスは

運動エネルギー ＝ 推進力エネルギー ；$t > T$

となる．すなわち，

$$K = \frac{1}{2} m v_2^2(t) = \frac{1}{2m}(F_0 T)^2 \equiv w \tag{8.24}$$

を簡単に確認できる．

8.3　摩擦抵抗のある床上の運動

本節では，床との摩擦抵抗を考慮した水平運動について解析を行う．物体の移動距離や質量は，第 8.1 節と同じように定義する．これに加えて，重力加速度 $g\,[\mathrm{m/s^2}]$ が物体に作用して床を押す垂直力 $mg\,[\mathrm{N}]$ から生じる床との摩擦抵抗力は，運動方向とは逆方向に作用する．摩擦係数（運動状態を想定しているので，"**動摩擦係数**"）を μ_d とすれば，摩擦抵抗力は図 8.4 中の点線矢印のように物体の運動方向とは逆向きに作用する．

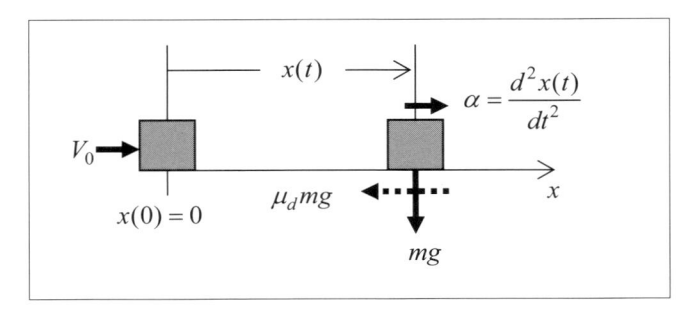

図 8.4 摩擦抵抗力を受ける床上運動

したがって，ニュートンの運動則を当てはめると，

$$\text{運動方程式}: m\frac{d^2x(t)}{dt^2} = -\mu_d mg \tag{8.25}$$

となる．これは，移動距離 $x(t)$ についての非斉次微分方程式ではあるが，未知関数は2階微分項のみであるから，順次積分して解を求めることができる．

$$v(t) = \frac{dx(t)}{dt} = -\mu_d gt + c_1, \quad x(t) = -\frac{1}{2}\mu_d gt^2 + c_1 t + c_2 \tag{8.26}$$

ここに，c_1, c_2 は積分定数である．

積分定数を確定して，完全な解を求めるために初期条件を与える．初期条件は第 8.1 節と同じ初速度の条件，すなわち，

$$v(0) = V_0, \quad x(0) = 0; \quad t = 0 \tag{8.27}$$

である．この初期条件を式(8.26)の一般解に適用すれば，積分定数が決まる．

$$c_1 = V_0, \quad c_2 = 0 \tag{8.28}$$

そして，速度と移動距離の完全な解が確定する．

$$v(t) = V_0 - \mu_d gt, \quad x(t) = \left(V_0 - \frac{1}{2}\mu_d gt\right)t \tag{8.29}$$

この結果，速度と移動距離はそれぞれ時間に関する1次関数と2次関数として変化する．

上式(8.29)の2式から時間変数を消去すると，速度と移動距離との関係

$$x = \frac{V_0^2 - v^2}{2\mu_d g}, \quad v = \sqrt{V_0^2 - 2\mu_d gx} \tag{8.30}$$

が得られる．ここで，速度の根号内や移動距離が"負"となる可能性があるから，時間変化式(8.29)に戻って検討しなくてはならない．そのために，時間変化のグラフを描くと理解が早い．

（1）無次元化

式(8.29)の速度と移動距離の時間変化をグラフに表したい．そのためには，無次元化を行ってからグラフを描くのがよい．しかし，この2式には速度 V_0 と重力加速度 g が次元を持った量であり，長さの次元を持つものがない．そこで，ある基準長さ l[m] をどこかから持ってくることにする（自分で自由に決めればよい！）．そして，無次元時間 τ を下記のように定義して，導入する．

$$\tau = \frac{V_0 t}{l} \Leftrightarrow t = \frac{l\tau}{V_0} \tag{8.31}$$

この第2式を式(8.29)に代入すると，

$$v(\tau) = V_0\left(1 - \frac{\mu_d l g}{V_0^2}\tau\right), \quad x(\tau) = l\left(1 - \frac{1}{2}\frac{\mu_d l g}{V_0^2}\tau\right)\tau \tag{8.32}$$

となる．上式をよく見ると，式中にはわずか一つのパラメータのみが含まれる．これを β として，

$$\beta = \frac{\mu_d l g}{V_0^2} \tag{8.33}$$

式(8.32)を完全な無次元表示に書き直すと，次式となる．

$$\frac{v(\tau)}{V_0} = 1 - \beta\tau, \quad \frac{x(\tau)}{l} = \left(1 - \frac{1}{2}\beta\tau\right)\tau \tag{8.34}$$

これでグラフを描くのが大変楽になった．このように，長さの基準がない場合には，適宜基準量を導入して無次元化を行えばよいのである．

図8.5は，式(8.34)の概略図である．図から明らかなように，時間 $\tau = 1/\beta$ では速度がゼロとなり，物体が停止することを意味している．そして，このときに最大移動距離 $x/l = 1/(2\beta)$ となる．加えて解の有効範囲は $0 \leq \tau \leq 1/\beta$ となる．結局，最大移動距離の実次元表示は

$$\text{最大移動距離}: x_{\max} = \frac{V_0^2}{2\mu g}; \quad t = \frac{V_0}{\mu g} \tag{8.35}$$

となる．そして，解である式(8.29)の有効時間は $0 \leq t < V_0/(\mu g)$ となる．この時間内では，速度も移動距離も負になることはない．

さて，式(8.34)から明らかなように，無次元パラメータ β が摩擦抵抗による水平運動の様相を支配している．そこで，このパラメータの意味を調べてみよう．式(8.33)を書き直すと（分母・分子に $m/2$ を掛けて，エネルギーを表すようにまとめる），

$$\beta = \frac{\mu_d l g}{V_0^2} = \frac{1}{2}\frac{\mu_d m g l}{mV_0^2/2} \equiv \frac{1}{2}\frac{\text{摩擦力の仕事量}}{\text{初期運動エネルギー}} \tag{8.36}$$

このパラメータ β は摩擦力が基準距離 l に作用した仕事量,すなわち摩擦によって失ったエネルギーと初期運動エネルギーとの比を表している.すなわち,パラメータ β はエネルギー比であった.

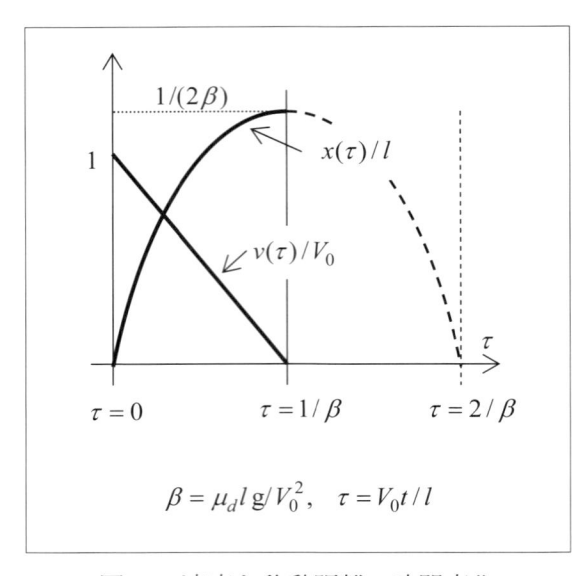

図 8.5 速度と移動距離の時間変化

(2) エネルギーバランス

エネルギーバランスを考えるために,摩擦で失うエネルギーを求めておこう.摩擦力は一定 $\mu_d m g$ であるが,物体の微小移動距離 $v(t)dt$ は時間によって変化する.微小時間 dt での摩擦力の仕事量 dw は

$$dw = \mu_d m g\, dx(t) = \mu_d m g v(t) dt \tag{8.37}$$

である.これを運動の開始 $t=0$ から任意時刻 t まで積分すると,

$$w = \mu_d m g \int_{t=0}^{t=t}(V_0 - \mu g t)dt = -\frac{1}{2}m\left[(V_0 - \mu_d g t)^2\right]_{t=0}^{t=t} = \frac{1}{2}m\left\{V_0^2 - (V_0 - \mu_d g t)^2\right\} \tag{8.38}$$

となり,任意時刻 t までに摩擦抵抗力によって失われたエネルギー w が決まる.

次に,運動開始時に与えられる初期運動エネルギーは

$$\text{初期運動エネルギー}: K_0 = \frac{1}{2}mV_0^2 \tag{8.39}$$

である．また，任意時刻 t での物体が持つ運動エネルギーは

$$\text{運動エネルギー}: K = \frac{1}{2}mv^2(t) = \frac{1}{2}m(V_0 - \mu g t)^2 < K_0 \tag{8.40}$$

である．したがって，運動エネルギーと摩擦損失エネルギーの和

$$K + w = \frac{1}{2}m(V_0 - \mu g t)^2 + \frac{1}{2}m\left\{V_0^2 - (V_0 - \mu g t)^2\right\} = \frac{1}{2}mV_0^2 \equiv K_0 \tag{8.41}$$

が初期運動エネルギーに等しいことが確認された．

なお，時刻 $t = V_0/\mu g$ では，運動エネルギーは消滅し，初期運動エネルギー K_0 が摩擦エネルギー $w(t = V_0/\mu g)$ と等しくなる．これは初期運動エネルギーが摩擦で失われると物体は動かなくなるということである．

問題 [8.1] 質量 m [kg] の物体をより大きな質量 M [kg] の物体とロープで滑車を介して図 8.6 のように結んだ．初期時刻には両者ともに静止させ，ゆっくりと手を離して運動を開始させた．床との動摩擦係数を μ_d，水平床の長さを L [m] として，以下の問に答えよ．ただし，重力加速度を g [m/s^2] とする．

(1) 各物体の運動方程式を立てよ．
(2) ロープの張力 T [N] と加速度はどのように表されるか？
(3) 移動距離 $x(t)$ [m] に関する微分方程式の初期条件を書け．
(4) 移動距離と速度の時間変化式を求めよ．
(5) 小さい質量 m [kg] の物体が床先端の滑車に衝突する時間 τ [s] と衝突速度 V [m/s] を求めよ．

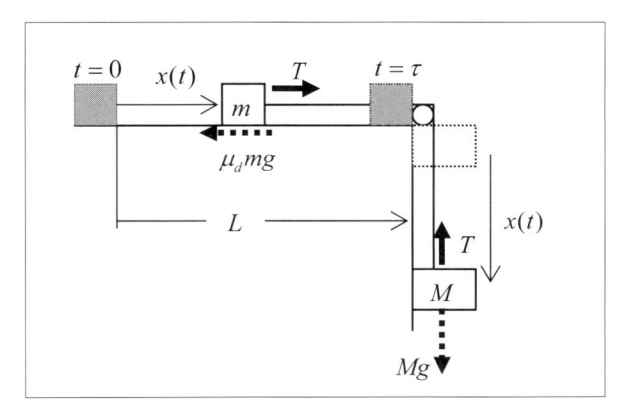

図 8.6 水平床上の質量 m の物体と質量 M の錘に作用する力

問題 [8.2] 高速道路では，車間距離を 100m 以上保持することが推奨されている．車の質量を 1500kg として以下の問いに答えよ．ただし，最初から数値を使うのではなく，文字式で解を完全に求めてから数値を代入すること．文字記号は各自設定すること．

(1) 時速 100km で走行する A 車が急ブレーキを掛けて停止まで 100m 走行するならば，道路と車との滑り摩擦係数はいくらか？

(2) 本来ならば，100m 手前でブレーキを掛けるところ，図 8.7 のように時速 100 km で走行しているときに 1 秒遅れてブレーキを作用させた B 車なら，100m 先の物体にはいくらの速度で衝突するか？ ただし，摩擦係数は上記の問(1)で得たものを使うこと．

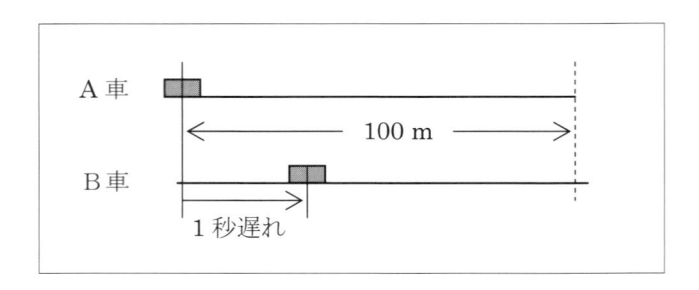

図 8.7 各車の運動設定

第9章　水平振動

前章では，床上を一定の向きに単調に運動する場合を解析した．本章では，物体が床上を往復し，振動する場合の解析を行うことにする．

9.1　自由振動

図 9.1 に示す摩擦のない滑らかな床上に左端が壁に固定されたバネの右端に質量 m [kg] の物体が取り付けられているものとする．バネ定数を k [N/m] として，物体を平衡位置から距離 x_0 [m] だけ引き伸ばしてから手を離すと，物体は水平方向に往復運動，振動を開始する．この運動を解析してみよう．

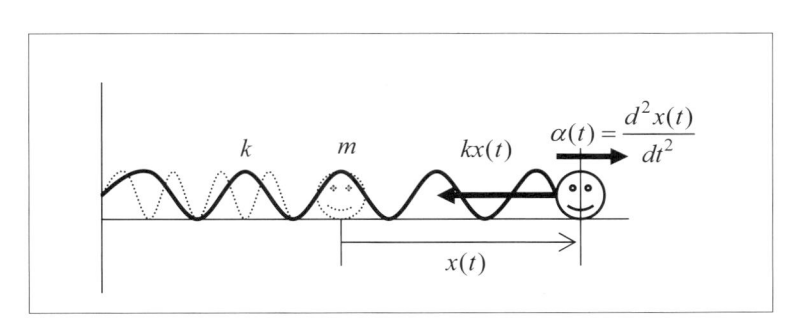

図9.1 床上の水平振動（摩擦なし）

まず，物体が運動している瞬間 t にニュートンの第二法則を適用する．移動距離などは，第8章と同じ記号を用いることにすれば，運動は水平方向であり，この瞬間の加速度は移動距離の時間に関する2階微分であるから，

$$\alpha = \frac{d^2 x(t)}{dt^2} \tag{9.1}$$

である．このとき，バネは $x(t)$ だけ伸びているから，図 9.1 に示すようにバネは物体に復元力 $kx(t)$ を移動方向とは逆向きに作用させる．これらを第二法則に当てはめると，

$$m\quad \alpha\quad =\quad F$$
$$\Downarrow\quad\Downarrow\qquad\Downarrow \tag{9.2}$$
$$m\frac{d^2x(t)}{dt^2}=-kx(t)$$

となる．これを整理すると，運動方程式は移動距離(変位) $x(t)$ についての2階微分方程式となる．

$$\frac{d^2x(t)}{dt^2}+\sqrt{\frac{k}{m}}^2 x(t)=0 \tag{9.3}$$

微分方程式(9.3)は，既に幾度か解いた"単振動"の斉次微分方程式であるから，その一般解は三角関数となる．すなわち，移動距離の時間変化は次式となる．

$$x(t)=A\sin\left(\sqrt{k/m}\cdot t\right)+B\cos\left(\sqrt{k/m}\cdot t\right) \tag{9.4}$$

また，速度は

$$v(t)=\sqrt{k/m}\left\{A\cos\left(\sqrt{k/m}\cdot t\right)-B\sin\left(\sqrt{k/m}\cdot t\right)\right\} \tag{9.5}$$

となる．ここに，A, B は未定係数である．

未定係数を決めるために初期条件を与える．初期条件は先に述べたように平衡位置からバネを長さ x_0 伸ばして静止させ，そして手を離すのだから，初期変位が

$$x(0)=x_0\,;\quad t=0 \tag{9.6}$$

と初期速度がない(ゼロ)

$$v(0)=0\,;\quad t=0 \tag{9.7}$$

の二つとなる．式(9.4),(9.5)の変位と速度式を初期条件式(9.6),(9.7)に適用すると，未定係数は

$$\begin{cases} x(0)=B=x_0 \\ v(0)=\sqrt{k/m}\,A=0 \end{cases} \Rightarrow \begin{cases} A=0 \\ B=x_0 \end{cases} \tag{9.8}$$

となり，変位と速度が完全に決まる．

$$x(t)=x_0\cos\left(\sqrt{k/m}\cdot t\right),\quad v(t)=-x_0\sqrt{\frac{k}{m}}\sin\left(\sqrt{k/m}\cdot t\right) \tag{9.9}$$

この結果，物体は初期変位 x_0 を振幅とし，固有振動数

$$\omega=\sqrt{k/m} \tag{9.10}$$

で振動する．これが「**自由振動**」である．次に，任意時刻でのバネに蓄えられているエネ

ルギー $E(t)$ [N·m]とその瞬間の運動エネルギー $K(t)$ [N·m]を求めると，

$$\text{バネのエネルギー}: E(t) = \frac{1}{2}kx^2(t) = \frac{1}{2}kx_0^2 \cos^2\left(\sqrt{k/m} \cdot t\right)$$
$$\text{運動エネルギー}: K(t) = \frac{1}{2}mv^2(t) = \frac{1}{2}kx_0^2 \sin^2\left(\sqrt{k/m} \cdot t\right)$$
(9.11)

となり，これらの和が初期変位でバネに蓄えられたエネルギー

$$E_0 = \frac{1}{2}kx_0^2 \tag{9.12}$$

となる．すなわち，自由振動では，初期にバネに蓄えられたエネルギー E_0 が運動エネルギーとバネのエネルギーとに交互に変換されていることになる．

9.2 空気抵抗を受ける水平振動

前9.1節と同じ座標と記号を用いる．バネの自然長からの伸び，すなわち物体の移動距離を $x(t)$ として，時刻 t の瞬間にニュートンの運動則を適用する．この場合，前節のバネの復元力に加えて空気抵抗力が図9.2に示すように物体に作用する．そして，空気抵抗力は第3.6(2)項に示すような速度に比例するものと考える．

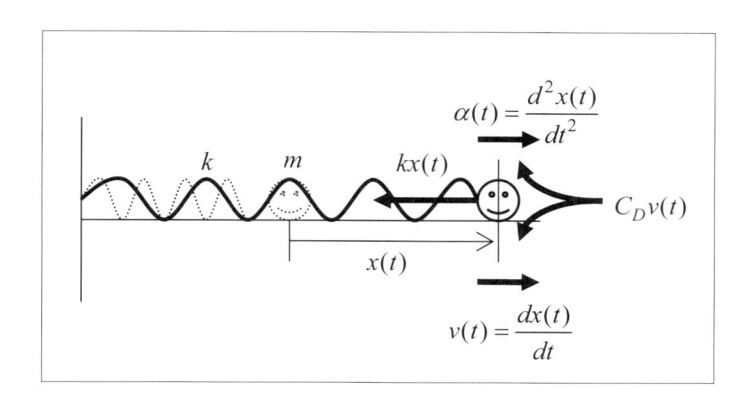

図9.2 空気抵抗を受ける物体の水平振動

物体に作用する力は，バネによる復元力と空気抵抗力であり，ともに運動方向とは逆向きに作用するので"負"の力となる．よって，運動方程式は

$$\begin{array}{ccc} m & \alpha & = & F \\ \Downarrow & \Downarrow & & \Downarrow \end{array} \tag{9.13}$$

$$m\frac{d^2 x(t)}{dt^2} = -kx(t) - C_D v(t)$$

となり，整理すると移動距離 $x(t)$ と速度 $v(t)$ を含む微分方程式

$$\frac{d^2 x(t)}{dt^2} + \frac{C_D}{m} v(t) + \sqrt{\frac{k}{m}}^2 x(t) = 0 \tag{9.14}$$

となる．この微分方程式には速度 $v(t)$ と移動距離 $x(t)$ の二つの未知関数が含まれており，一つの未知関数についての微分方程式に書き直さなければならない．幸いにも，速度は移動距離の微分

$$v(t) = \frac{dx(t)}{dt} \tag{9.15}$$

として表されるから，速度を書き直すと，移動距離 $x(t)$ に関する定数係数の2階微分方程式となる．

$$\frac{d^2 x(t)}{dt^2} + \frac{C_D}{m} \frac{dx(t)}{dt} + \sqrt{\frac{k}{m}}^2 x(t) = 0 \tag{9.16}$$

微分方程式(9.16)は，第2.3 (1)項の微分方程式(2.27)とまったく同じ形であるから，その解法を適用できる．そこで，計算を楽にするために記号の置き換え

$$\omega = \sqrt{\frac{k}{m}}, \quad 2\varsigma = \frac{C_D}{m} \tag{9.17}$$

を行って，微分方程式(9.16)を書き直す．

$$\frac{d^2 x(t)}{dt^2} + 2\varsigma \frac{dx(t)}{dt} + \omega^2 x(t) = 0 \tag{9.18}$$

さあ，これからこの微分方程式を解くことにしよう．まず，定数係数の微分方程式だから，解を未知パラメータ λ を含む指数関数

$$x(t) = \exp(\lambda t) \tag{9.19}$$

に仮定して，式(9.18)に代入するとパラメータ λ についての特性方程式

$$\lambda^2 + 2\varsigma\lambda + \omega^2 = 0 \tag{9.20}$$

が得られ，その固有値は二つとなる．

$$\begin{pmatrix} \lambda_1 \\ \lambda_2 \end{pmatrix} = -\varsigma \pm i\sqrt{\omega^2 - \varsigma^2} \tag{9.21}$$

それぞれの固有値に対応した解に未定係数を付けて加えると，移動距離の一般解となる．

$$x(t) = C_1 \exp(\lambda_1 t) + C_2 \exp(\lambda_2 t) \tag{9.22}$$

また，この一般解に対応した速度は

$$v(t) = \lambda_1 C_1 \exp(\lambda_1 t) + \lambda_2 C_2 \exp(\lambda_2 t) \tag{9.23}$$

となる．

これで微分方程式(9.18)の解が求められた．次に，解に含まれる未定係数 C_1, C_2 を決めるために初期条件を与える．この初期条件は前9.1節と同じ初期変位の条件

$$x(0) = x_0, \quad v(0) = 0; \quad t = 0 \tag{9.24}$$

とする．式(9.22)と式(9.23)を初期条件式(9.24)に適用すると，未定係数に関する連立方程式

$$x(0) = C_1 + C_2 = x_0, \quad v(0) = \lambda_1 C_1 + \lambda_2 C_2 = 0 \tag{9.25}$$

となるから，未定係数が次式のように決まり，

$$C_1 = -\frac{\lambda_2}{\lambda_1 - \lambda_2} x_0, \quad C_2 = +\frac{\lambda_1}{\lambda_1 - \lambda_2} x_0 \tag{9.26}$$

移動距離と速度が完全に決まる．

$$\begin{aligned} x(t) &= -\frac{1}{\lambda_1 - \lambda_2} x_0 \{\lambda_2 \exp(\lambda_1 t) - \lambda_1 \exp(\lambda_2 t)\} \\ v(t) &= -\frac{\lambda_1 \lambda_2}{\lambda_1 - \lambda_2} x_0 \{\exp(\lambda_1 t) - \exp(\lambda_2 t)\} \end{aligned} \tag{9.27}$$

(1) 無次元化と応答のグラフ

式(9.27)で変位と速度は完全に決まったのではあるが，式中には二つの固有値 λ_1, λ_2 が含まれており，その固有値も複素数であるから，式(9.27)のままではどのように変化するのかまったくわからない．式そのものから現象を理解するためにも，固有値を具体的な表示式(9.21)に書き直し，解の表示を簡明にする必要がある．その計算過程は，次のとおりである．

$$\begin{aligned}
\frac{x(t)}{x_0} &= -\frac{1}{\lambda_1 - \lambda_2}\{\lambda_2 \exp(\lambda_1 t) - \lambda_1 \exp(\lambda_2 t)\} \\
&= -\frac{1}{2i\sqrt{\omega^2 - \varsigma^2}}\left\{\begin{array}{l}\left(-\varsigma - i\sqrt{\omega^2 - \varsigma^2}\right)\exp\left(-\varsigma t + i\sqrt{\omega^2 - \varsigma^2}\cdot t\right) \\ -\left(-\varsigma + i\sqrt{\omega^2 - \varsigma^2}\right)\exp\left(-\varsigma t - i\sqrt{\omega^2 - \varsigma^2}\cdot t\right)\end{array}\right\} \\
&= -\frac{\exp(-\varsigma t)}{2i\sqrt{\omega^2 - \varsigma^2}}\left\{\begin{array}{l}-\varsigma \exp\left(+i\sqrt{\omega^2 - \varsigma^2}\cdot t\right) - i\sqrt{\omega^2 - \varsigma^2}\exp\left(+i\sqrt{\omega^2 - \varsigma^2}\cdot t\right) \\ +\varsigma \exp\left(-i\sqrt{\omega^2 - \varsigma^2}\cdot t\right) - i\sqrt{\omega^2 - \varsigma^2}\exp\left(-i\sqrt{\omega^2 - \varsigma^2}\cdot t\right)\end{array}\right\} \\
&= -\frac{\exp(-\varsigma t)}{2i\sqrt{\omega^2 - \varsigma^2}}\left\{-2i\varsigma \sin\left(\sqrt{\omega^2 - \varsigma^2}\cdot t\right) - 2i\sqrt{\omega^2 - \varsigma^2}\cos\left(\sqrt{\omega^2 - \varsigma^2}\cdot t\right)\right\} \\
&= \frac{\exp(-\varsigma t)}{\sqrt{\omega^2 - \varsigma^2}}\left\{\sqrt{\omega^2 - \varsigma^2}\cos\left(\sqrt{\omega^2 - \varsigma^2}\cdot t\right) + \varsigma \sin\left(\sqrt{\omega^2 - \varsigma^2}\cdot t\right)\right\} \\
&= \frac{\exp\{-(\varsigma/\omega)\omega t\}}{\sqrt{1-(\varsigma/\omega)^2}}\left\{\sqrt{1-(\varsigma/\omega)^2}\cos\left(\sqrt{1-(\varsigma/\omega)^2}\cdot \omega t\right) + (\varsigma/\omega)\sin\left(\sqrt{1-(\varsigma/\omega)^2}\cdot \omega t\right)\right\}
\end{aligned}$$
(9.28)

$$\begin{aligned}
v(t) &= -\frac{\lambda_1 \lambda_2}{\lambda_1 - \lambda_2}x_0\{\exp(\lambda_1 t) - \exp(\lambda_2 t)\} \\
&= -\frac{\lambda_1 \lambda_2}{\lambda_1 - \lambda_2}x_0\left\{\exp\left(-\varsigma t + i\sqrt{\omega^2 - \varsigma^2}\cdot t\right) - \exp\left(-\varsigma t - i\sqrt{\omega^2 - \varsigma^2}\cdot t\right)\right\} \\
&= -\frac{\lambda_1 \lambda_2}{\lambda_1 - \lambda_2}x_0 \exp(-\varsigma t)\left\{\exp\left(+i\sqrt{\omega^2 - \varsigma^2}\cdot t\right) - \exp\left(-i\sqrt{\omega^2 - \varsigma^2}\cdot t\right)\right\} \\
&= -\frac{\omega^2}{\sqrt{\omega^2 - \varsigma^2}}x_0 \exp(-\varsigma t)\sin\left(\sqrt{\omega^2 - \varsigma^2}\cdot t\right) \\
&= -\frac{\omega}{\sqrt{1-(\varsigma/\omega)^2}}x_0 \exp\{-(\varsigma/\omega)\omega t\}\sin\left(\sqrt{1-(\varsigma/\omega)^2}\cdot \omega t\right)
\end{aligned}$$
(9.29)

上の2式中には，ς/ω と時間変数 ωt とが含まれているので，無次元パラメータ β

$$\beta = \frac{\varsigma}{\omega} = \frac{C_D/(2m)}{\sqrt{k/m}} = \frac{C_D}{2\sqrt{mk}} \tag{9.30}$$

と無次元時間

$$\tau = \omega t = \sqrt{k/m}\cdot t \tag{9.31}$$

を導入して無次元化（簡素化）を行えば，次式のようにより簡明になる．

$$\frac{x(t)}{x_0} = \exp(-\beta \tau)\left\{\cos\left(\sqrt{1-\beta^2}\cdot \tau\right) + \frac{\beta}{\sqrt{1-\beta^2}}\sin\left(\sqrt{1-\beta^2}\cdot \tau\right)\right\} \tag{9.32}$$

$$\frac{v(t)}{\omega x_0} = -\exp(-\beta\tau)\frac{\sin\left(\sqrt{1-\beta^2}\cdot\tau\right)}{\sqrt{1-\beta^2}} \tag{9.33}$$

以上の無次元化に基づいて変位応答 $x(t)/x_0$ を描いたものが図9.3である．変位，速度とも振動しながら振幅が減少し，最後には振幅がゼロとなり，振動（運動）が停止する．この振幅の減少は，式(9.32),(9.33)に含まれる指数関数 $\exp(-\beta\tau)$ によって引き起こされており，このように振幅が指数関数的に減少する振動を「**減衰振動**」と呼んでいる．特に，パラメータ β（$\beta=0.1$）が大きくなると振動の振幅は急激に小さくなる．これが減衰振動の特色である．

この減衰振動の振動数は無次元では $\sqrt{1-\beta^2}$ であるが，実次元に戻すと，

$$\varpi = \sqrt{\omega^2 - \varsigma^2} = \sqrt{\omega^2 - \{C_D/(2m)\}^2} \tag{9.34}$$

となる．空気抵抗がない場合の固有振動数が $\omega(=\sqrt{k/m})$ であるから，空気抵抗が存在する場合には振動数が少し小さくなっている．すなわち，抵抗力が存在すると，バネ・質量系の固有振動数が少し低くなるのである．

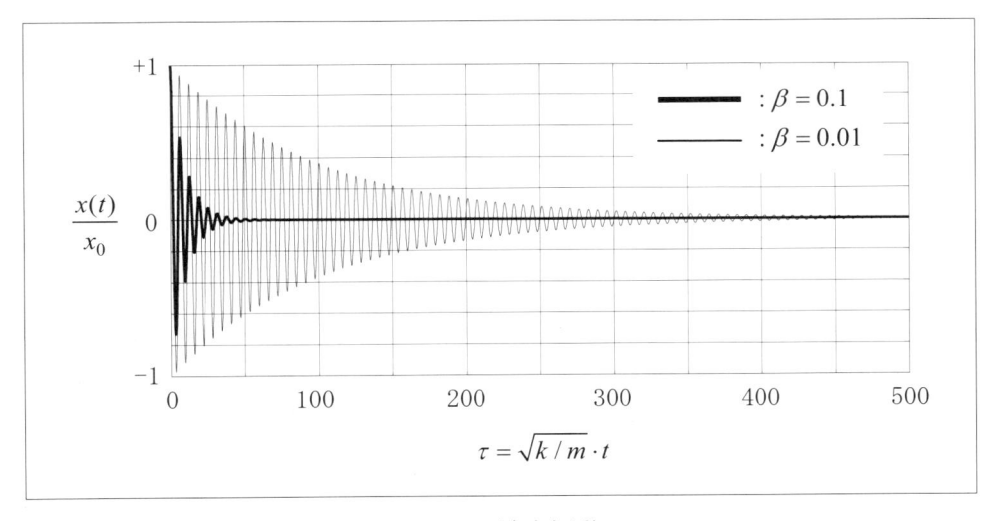

図9.3 減衰振動

(2) 空気抵抗による損失エネルギー

空気抵抗によって失われるエネルギーとは，空気抵抗力の仕事量 w である．そこで，この仕事量を求めてみよう．任意時刻に作用する空気抵抗力 f は

$$f = C_D v(t) \tag{9.35}$$

であり，この力が作用しているときの微小移動距離 $dx(t)$ は
$$dx(t) = v(t)dt \tag{9.36}$$
であるから，微小仕事量 dw は
$$dw = f\,dx(t) = f\,v(t)dt = C_D v^2(t)dt \tag{9.37}$$
この微小仕事量を運動の開始時刻 $t=0$ から任意時刻 $t=t$ まで積分する．
$$w(t) = \int_{t=0}^{t=t} C_D v^2(t)dt \tag{9.38}$$
これが任意時刻 t までの空気抵抗力の仕事量となる．すなわち，空気抵抗によって失われたエネルギーは式(9.38)に速度式(9.27)を代入して積分を行えばよい．しかし，これでは計算が面倒だし，せっかく無次元化を行ったのだから，無次元速度の式(9.33)を使えるように積分の変数変換（無次元時間と同じ）
$$u = \omega t \tag{9.39}$$
を行う．すると，式(9.38)は
$$w(t) = \int_{t=0}^{t=t} C_D v^2(t)dt = \int_{u=0}^{u=\tau} C_D v^2(u)\frac{du}{\omega} \tag{9.40}$$
となる．上式の右辺に無次元時間で表された速度式(9.33)を代入すれば，
$$\begin{aligned} w(t) &= \int_{u=0}^{u=\tau} C_D \left\{ \frac{\omega x_0}{\sqrt{1-\beta^2}} \exp(-\beta u) \sin\left(\sqrt{1-\beta^2}\cdot u\right) \right\}^2 \frac{du}{\omega} \\ &= C_D \frac{\omega x_0^2}{1-\beta^2} \int_{u=0}^{u=\tau} \exp(-2\beta u) \sin^2\left(\sqrt{1-\beta^2}\cdot u\right) du \\ &= C_D \frac{\omega x_0^2}{2(1-\beta^2)} \int_{u=0}^{u=\tau} \exp(-2\beta u) \left\{ 1 - \cos\left(2\sqrt{1-\beta^2}\cdot u\right) \right\} du \end{aligned} \tag{9.41}$$
となる．

　最後の積分を行うために，三角関数と指数関数の積の積分について少し触れておく．二つの積分
$$I_c = \int \exp(-au)\cos(bu)du, \quad I_s = \int \exp(-au)\sin(bu)du \tag{A1}$$
を考えることにする．ここに，a, b は定数である．まず，積分 I_s に虚数を乗じて和を取ったのち，オイラーの公式を用いて三角関数を指数関数に直し，指数関数の積分とする．そして，指数関数としての積分を行ったのち，実部と虚部とに分離して当初の二つの積分とする．その過程は以下のとおりである．

$$
\begin{aligned}
I = I_c + iI_s &= \int \exp(-au)\{\cos(bu) + i\sin(bu)\}du \\
&= \int \exp(-au)\exp(ibu)du = \int \exp\{(-a+ib)u\}du \\
&= \frac{1}{-a+ib}\exp\{(-a+ib)u\} = -\frac{1}{a-ib}\exp(-au)\{\cos(bu) + i\sin(bu)\} \\
&= -\frac{1}{a^2+b^2}\exp(-au)\{a\cos(bu) + ia\sin(bu) + ib\cos(bu) - b\sin(bu)\} \\
&= -\frac{1}{a^2+b^2}\exp(-au)\left[a\cos(bu) - b\sin(bu) + i\{a\sin(bu) + b\cos(bu)\}\right] \\
&= -\frac{1}{a^2+b^2}\exp(-au)\{a\cos(bu) - b\sin(bu)\} - i\frac{1}{a^2+b^2}\exp(-au)\{a\sin(bu) + b\cos(bu)\}
\end{aligned}
$$
(A2)

実部と虚部をそれぞれ等値すると,

$$
\begin{aligned}
I_c &= \int \exp(-au)\cos(bu)du = -\frac{1}{a^2+b^2}\exp(-au)\{a\cos(bu) - b\sin(bu)\} \\
I_s &= \int \exp(-au)\sin(bu)du = -\frac{1}{a^2+b^2}\exp(-au)\{a\sin(bu) + b\cos(bu)\}
\end{aligned}
$$
(A3)

となり, 積分公式がつくられた.

積分公式(A3)を式(9.41)の最後の積分に適用すると,

$$
\begin{aligned}
w(t) &= C_D \frac{\omega x_0^2}{2(1-\beta^2)} \int_{u=0}^{u=\tau} \exp(-2\beta u)\left\{1 - \cos\left(2\sqrt{1-\beta^2}\cdot u\right)\right\}du \\
&= C_D \frac{\omega x_0^2}{4(1-\beta^2)}\left[\exp(-2\beta u)\left\{-\frac{1}{\beta} + \beta\cos\left(2\sqrt{1-\beta^2}\cdot u\right) - \sqrt{1-\beta^2}\sin\left(2\sqrt{1-\beta^2}\cdot u\right)\right\}\right]_{u=0}^{u=\tau} \\
&= C_D \frac{\omega x_0^2}{4\beta(1-\beta^2)}\left[1-\beta^2 + \exp(-2\beta\tau)\left\{-1 + \beta^2\cos\left(2\sqrt{1-\beta^2}\cdot\tau\right) - \beta\sqrt{1-\beta^2}\sin\left(2\sqrt{1-\beta^2}\cdot\tau\right)\right\}\right]
\end{aligned}
$$
(9.42)

となる. 上式の式頭の係数を式(9.17)と式(9.30)を使って書き直す.

$$
C_D \frac{\omega x_0^2}{4\beta(1-\beta^2)} = C_D \frac{\sqrt{\frac{k}{m}}x_0^2}{4\frac{C_D}{2\sqrt{mk}}(1-\beta^2)} = \frac{kx_0^2}{2(1-\beta^2)}
$$
(9.43)

これを用いると, 空気抵抗で失ったエネルギーは次式となる.

$$
w(t) = \frac{kx_0^2}{2(1-\beta^2)}\left[1-\beta^2 + \exp(-2\beta\tau)\left\{-1 + \beta^2\cos\left(2\sqrt{1-\beta^2}\cdot\tau\right) - \beta\sqrt{1-\beta^2}\sin\left(2\sqrt{1-\beta^2}\cdot\tau\right)\right\}\right]
$$
(9.44)

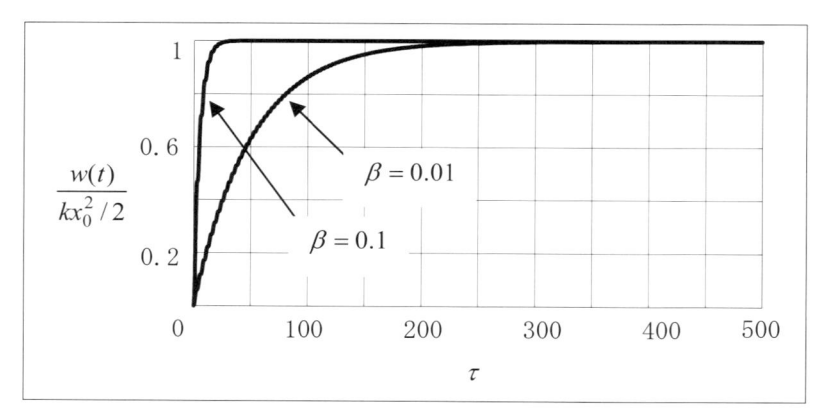

図 9.4 空気抵抗で失われるエネルギーの時間変化

このエネルギーの時間変化を示したものが図 9.4 である．空気抵抗で失うエネルギーは，時間の経過とともにバネの初期エネルギー $kx_0^2/2$ と同じ量になっていく．すなわち，物体を運動させるエネルギーがなくなってしまう．

一方，時刻 t での運動エネルギーは

$$K(t) = \frac{1}{2}mv^2(t) = \frac{kx_0^2}{2(1-\beta^2)}\exp(-2\beta\tau)\left\{\frac{1}{2} - \frac{1}{2}\cos\left(2\sqrt{1-\beta^2}\cdot\tau\right)\right\} \tag{9.45}$$

である．また，このときバネに蓄えられているエネルギーは

$$\begin{aligned}E(t) &= \frac{1}{2}kx^2(t) \\ &= \frac{kx_0^2}{2(1-\beta^2)}\exp(-2\beta\tau)\left\{\frac{1}{2} + \frac{1}{2}(1-2\beta^2)\cos\left(2\sqrt{1-\beta^2}\cdot t\right) + \beta\sqrt{1-\beta^2}\sin\left(2\sqrt{1-\beta^2}\cdot t\right)\right\}\end{aligned}$$
$$\tag{9.46}$$

である．そこで，これら三つのエネルギーを加えると，

$$w(t) + K(t) + E(t) = \frac{1}{2}kx_0^2 \tag{9.47}$$

となる．これは，運動の開始時にバネに蓄えられたエネルギーにほかならない．よって，初期エネルギーは空気抵抗でエネルギーを失いながら，その残りが運動エネルギーとバネのエネルギーに変換されている．そして，時間が経過すると空気抵抗でエネルギーを使い果たし，運動エネルギーとバネのエネルギーはなくなり，運動は停止する．これが減衰振動である．

9.3 摩擦抵抗を受ける往復運動

前章の第 8.3 節では，摩擦抵抗を考慮した水平運動について解析を行った．しかし，本節では摩擦抵抗を考慮した振動問題を解析しない．その理由を説明する．なお，記号などは前節と同じものを用いることにする．

摩擦抵抗力は物体が運動しているとき（動摩擦）や運動を開始する前（静摩擦）に作用する．そして，運動に対して抵抗するように作用するのが特色である．運動の方向は速度 $v(t)$ の"正・負"で決まるから，図 9.5 に示すように摩擦抵抗力の方向も速度の正・負に依存することになる．すなわち，摩擦抵抗力は図 9.6 示す速度についての階段関数である．

これを運動している物体に作用力として式表示すると，

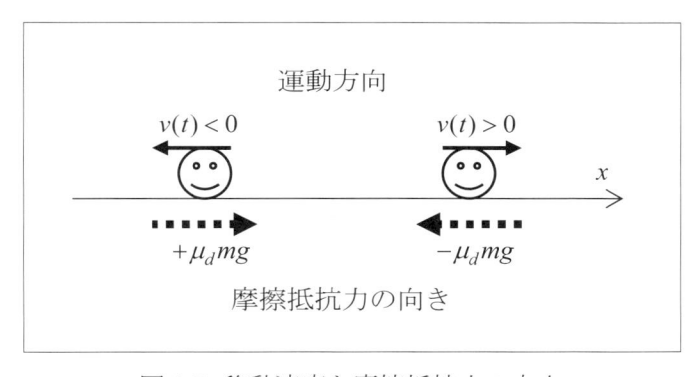

図 9.5 移動速度と摩擦抵抗力の方向

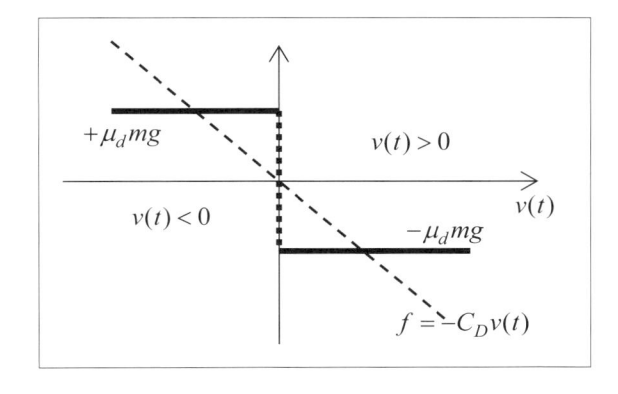

図 9.6 摩擦抵抗力の速度による変化

摩擦抵抗力: $f = \begin{cases} -\mu_d mg; & v(t) > 0 \\ +\mu_d mg; & v(t) < 0 \end{cases}$ (9.48)

これに対して，第9.2節の空気抵抗力は図9.6中に示す破線，速度の1次関数で"線形"である．すなわち，摩擦抵抗力は速度の1次関数ではなく，速度に対して線形でもなく，**"非線形"**である．摩擦抵抗力は図9.7のように運動している物体に抵抗力として作用することになり，運動の第二法則を適用すると，

$$\begin{array}{ccc} m & \alpha & = & F \\ \Downarrow & \Downarrow & & \Downarrow \end{array}$$
$$m\frac{d^2x(t)}{dt^2} = -kx(t) - C_D v(t) + \begin{cases} -\mu_d mg; & v(t) > 0 \\ +\mu_d mg; & v(t) < 0 \end{cases}$$ (9.49)

となり，速度が変位の1階微分であることを考慮して整理すると，

$$\frac{d^2x(t)}{dt^2} + \begin{cases} +\mu_d g; & \frac{dx(t)}{dt} > 0 \\ -\mu_d g; & \frac{dx(t)}{dt} < 0 \end{cases} + \frac{C_D}{m}\frac{dx(t)}{dt} + \sqrt{\frac{k}{m}}^2 x(t) = 0$$ (9.50)

となる．これは，左辺第2項の摩擦抵抗力の項が非線形の「**非線形2階微分方程式**」である．

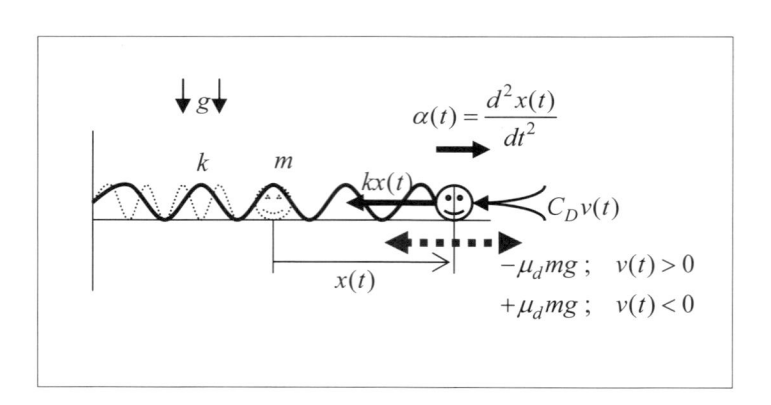

図 9.7 摩擦抵抗力を考慮した物体の振動解析モデル

この微分方程式は，これまでのわれわれの知識では解くことができない！ この微分方程式は「**非線形振動**」の典型的な例であり，非線形振動に関する専門書からスタートしなければ何もできない．以上のことから，本章では摩擦抵抗を考慮した振動問題を解析しないのである（この摩擦抵抗の場合では，微分方程式(9.50)を速度が正負の範囲に分解して解を求

めることが可能ではあるが，大変面倒な計算になる）．

問題 [9.1] 図 9.8 のように，バネ定数 k_1, k_2 [N/m] の二つのバネに挟まれた質量 m [kg] の物体の運動方程式を導き，
(1) 固有振動数を求めよ．ただし，床との摩擦は無視する．
(2) 物体をバネ定数 k_1 のバネが x_0 [m] 伸び，バネ定数 k_2 のバネが x_0 [m] 縮んだ状態から運動を開始する場合の振動を解析せよ（変位の時間変化を求めること）．

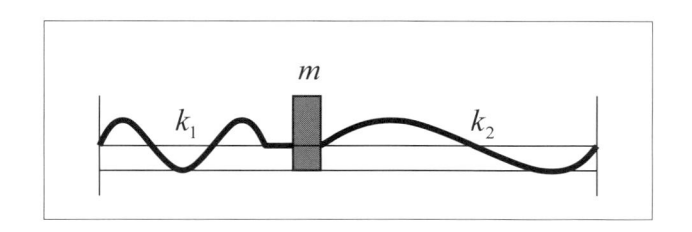

図 9.8 二つのバネに挟まれた物体の振動

問題 [9.2] 図 9.9 のように，バネ定数 k_1, k_2 [N/m] の二つのバネが並列に繋げられた一端に質量 m [kg] の物体が取り付けられている．(1) 運動方程式を立て，固有振動数を求めよ．次いで，(2) 前問[9.1]の微分方程式や固有振動数と比較し，検討を行え．

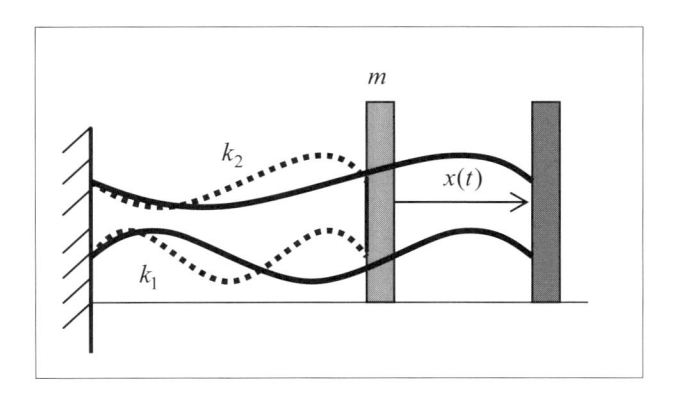

図 9.9 二つの並列バネに繋がれた物体の振動モデル

第 10 章　斜面上の運動

本章では，物体が斜面上を運動する場合について検討を行う．重力の効果が斜面方向に分解され，本質的には上昇・下降運動と同じであることに気がついて欲しい．

10.1　滑　落

図 10.1 に示すように，質量 m [kg] の物体が傾斜角度 φ [rad] の斜面を滑り落ちるものとする．斜面に沿って下向きに物体の移動距離 $s(t)$ [m] をとる．また，重力加速度と斜面との動摩擦係数をそれぞれ g [m/s^2]，μ_d とする．さらに，斜面の長さを L [m] として，下端に達するまでの運動を解析する．

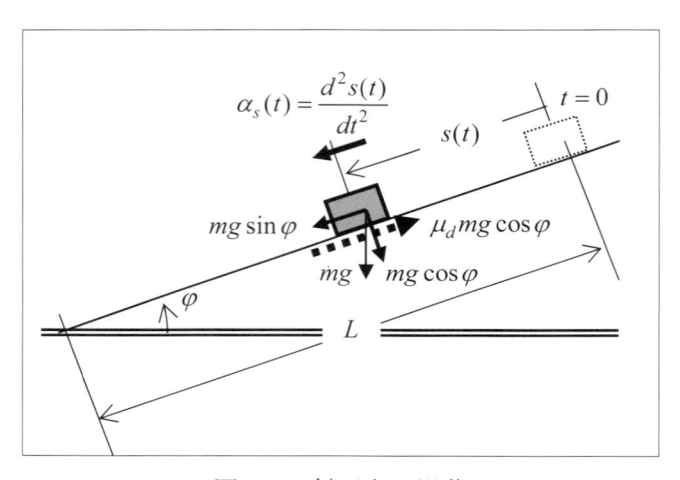

図 10.1 斜面上の滑落

まず，斜面の任意点での斜面下向きを正とした加速度は

$$\alpha_s(t) = \frac{d^2 s(t)}{dt^2} \tag{10.1}$$

であり，物体に作用する力は図 10.1 に示すように，重力の斜面方向成分 $mg \sin\varphi$ と摩擦抵抗 $-\mu_d mg \cos\varphi$ である．よって，斜面方向の運動方程式は

$$m\frac{d^2s(t)}{dt^2} = mg\sin\varphi - \mu_d mg\cos\varphi \tag{10.2}$$

となり，整理すると，

$$\frac{d^2s(t)}{dt^2} = g(\sin\varphi - \mu_d\cos\varphi) \tag{10.3}$$

となる．この微分方程式は，斜面上の移動距離に関する簡単な2階微分方程式であり，落下運動の微分方程式(4.3)や上昇運動の微分方程式(5.3)と同じ形である（斜面上の運動では，重力の効果が斜面の傾斜によって変化するのみであり，本質的には落下や上昇運動と変わりない！）．微分方程式(10.3)を順次積分すれば，一般解が得られる．

$$s(t) = \frac{1}{2}(\sin\varphi - \mu_d\cos\varphi)gt^2 + c_1 t + c_2, \quad v_s(t) = \frac{ds(t)}{dt} = (\sin\varphi - \mu_d\cos\varphi)gt + c_1 \tag{10.4}$$

ここに，c_1, c_2 は積分定数であり，この積分定数は初期条件によって決められる．

滑り始める前は，物体は完全に静止しているものとして，完全静止条件

$$s(0) = 0, \quad v_s(0) = 0; \quad t = 0 \tag{10.5}$$

を初期条件とすれば，二つの積分定数はともに消滅し，距離と速度は次式となる．

$$s(t) = \frac{1}{2}(\sin\varphi - \mu_d\cos\varphi)gt^2, \quad v_s(t) = (\sin\varphi - \mu_d\cos\varphi)gt \tag{10.6}$$

そして，速度と距離との関係も求められる．

$$s = \frac{v_s^2}{2(\sin\varphi - \mu_d\cos\varphi)g}, \quad v_s = \sqrt{2(\sin\varphi - \mu_d\cos\varphi)gs} \tag{10.7}$$

物体が斜面を滑り落ち，最下端に達する時間 T は，簡単な方程式

$$L = s(T) = \frac{1}{2}(\sin\varphi - \mu_d\cos\varphi)gT^2 \tag{10.8}$$

から求められ，

$$T = \sqrt{\frac{2L}{(\sin\varphi - \mu_d\cos\varphi)g}} \tag{10.9}$$

となる．そのときの速度は，次のように表される．

$$v_s(T) = \sqrt{2(\sin\varphi - \mu_d\cos\varphi)gL} \tag{10.10}$$

以上の結果は，自由落下の解である式(4.8)の重力加速度 g を斜面の傾斜角度と摩擦抵抗を考慮した重力加速度

$$g \quad \Rightarrow \quad (\sin\varphi - \mu_d\cos\varphi)g \tag{10.11}$$

に置き換えたものとなっている．すなわち，斜面では重力加速度を斜面方向に分解した加速度と摩擦による負の加速度との"和"が加速度として作用すると考えればよいことがわかる．

10.2 放　　射

傾斜角 φ の斜面下端から斜面に沿って速度 V_0 [m/s] で物体を射出すると，当初は摩擦抵抗に抗して滑り上がるが，遂には静止し，再度滑り落ちて下端に戻る．これを解析するために，斜面を上昇する運動と下降する運動とに分離して考える．

(1) 上昇運動

物体の質量を m [kg]，重力加速度を g [m/s^2]，斜面との動摩擦係数を μ_d とする．図 10.2 のように，斜面上向きに移動距離 $s_1(t)$ [m] の座標をとる．任意時刻での上向き加速度 α_1 は

$$\alpha_1(t) = \frac{d^2 s_1(t)}{dt^2} \tag{10.12}$$

であり，重力の斜面方向成分と摩擦抵抗力は図のように運動の負方向に作用するから，物体に作用する力は

$$-mg\sin\varphi - \mu_d mg\cos\varphi \tag{10.13}$$

となり，斜面上向きの運動方程式は

$$m\frac{d^2 s_1(t)}{dt^2} = -mg(\sin\varphi + \mu_d \cos\varphi) \quad \Rightarrow \quad \frac{d^2 s_1(t)}{dt^2} = -g(\sin\varphi + \mu_d \cos\varphi) \tag{10.14}$$

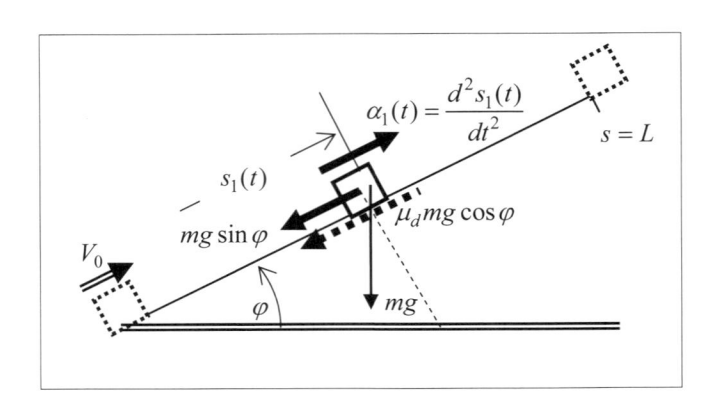

図 10.2　斜面上の放射上昇

となる．この一般解も簡単に求められる．

$$v_1(t) = \frac{ds_1(t)}{dt} = -(\sin\varphi + \mu_d \cos\varphi)gt + c_1$$
$$s_1(t) = -\frac{1}{2}(\sin\varphi + \mu_d \cos\phi)gt^2 + c_1 t + c_2 \tag{10.15}$$

初期条件には下端から初速度 V_0 を与えるので，未定係数は

$$v_1(0) = V_0 = c_1, \quad s_1(0) = 0 = c_2 \tag{10.16}$$

となる．よって，上昇速度と上昇距離が決まる．

$$v_1(t) = V_0 - (\sin\varphi + \mu_d \cos\varphi)gt, \quad s_1(t) = V_0 t - \frac{1}{2}(\sin\varphi + \mu_d \cos\varphi)gt^2 \tag{10.17}$$

そして，上昇速度がゼロとなる条件から，最高高さに達する時間 T_1 とその斜面下端からの移動距離 L が求められる．

$$T_1 = \frac{V_0/g}{\sin\varphi + \mu_d \cos\varphi}, \quad L = s_1(T_1) = \frac{V_0^2}{2(\sin\varphi + \mu_d \cos\varphi)g} \tag{10.18}$$

(2) 下降運動

下降を開始するのは，上昇速度がゼロになった状態から開始するので，式(10.18)の第2式中の斜面長さ L に沿っての滑落となる．これは第10.1節の問題であり，前項の結果である式(10.18)の斜面長さ L を前節の結果に代入すれば，すべての様子がわかる．

まず式(10.18)を式(10.9)に代入すれば，上端からの滑落時間

$$T_2 = \frac{V_0/g}{\sqrt{\sin^2\varphi - \mu_d^2 \cos^2\varphi}} \tag{10.19}$$

が求められ，斜面を往復する所要時間 T が決まる．

$$T = T_1 + T_2 = \frac{V_0/g}{\sin\varphi + \mu_d \cos\varphi}\left(1 + \sqrt{\frac{\sin\varphi + \mu_d \cos\varphi}{\sin\varphi - \mu_d \cos\varphi}}\right) \tag{10.20}$$

式(10.10)からは下端に戻ったときの速度

$$V = V_0 \sqrt{\frac{\sin\varphi - \mu_d \cos\varphi}{\sin\varphi + \mu_d \cos\varphi}} \tag{10.21}$$

が求められる．この結果，当然のことながら摩擦抵抗があるので，戻ったときの速度 V は射出時の速度 V_0 よりも小さくなる．そして，摩擦係数がゼロの場合には速度に変化がないのは明確である．

最後に，エネルギーについて確認しておこう．放射時の速度と下端に戻ったときの速

度から，それぞれの運動エネルギーを求めると，

$$放射初期エネルギー：E_0 = \frac{1}{2}mV_0^2 \tag{10.22}$$

$$帰還したときの運動エネルギー：E_T = \frac{1}{2}mV^2 = \frac{1}{2}mV_0^2 \frac{\sin\varphi - \mu_d \cos\varphi}{\sin\varphi + \mu_d \cos\varphi} \tag{10.23}$$

となり，このエネルギー差が斜面を往復するのに摩擦で失ったエネルギーとなる．

$$E_{\text{loss}} = E_0 - E_T = \frac{1}{2}mV_0^2 - \frac{1}{2}mV^2 = \frac{1}{2}mV_0^2 \frac{2\mu_d \cos\varphi}{\sin\varphi + \mu_d \cos\varphi} \tag{10.24}$$

ここで，式(10.18)の初速度と斜面長さとの関係式

$$V_0^2 = 2gL(\sin\varphi + \mu_d \cos\varphi) \tag{10.25}$$

を式(10.24)に代入すると，

$$E_{\text{loss}} = 2L(\mu_d mg \cos\varphi) \tag{10.26}$$

となり，斜面を往復するときに摩擦で失ったエネルギー E_{loss} とは，定摩擦力 $\mu_d mg \cos\varphi$ が斜面を1往復($2L$)した仕事量でもあった！

問題 [10.1] 図10.3のように滑車を介して二つの斜面に異なる質量 $M \gg m$ [kg]の2物体をロープで結んだ．各斜面との動摩擦係数を μ_1, μ_2，重力加速度を g [m/s²]として，下記の問いに答えよ．

(1) 各物体の運動方程式をたてよ．
(2) ロープの張力 T [N]はいくらか？
(3) 小さい質量 m の物体が斜面の下端から上端の滑車まで上昇する所要時間と，そのときの速度を求めよ？ただし，初期条件には完全静止条件を採用する．

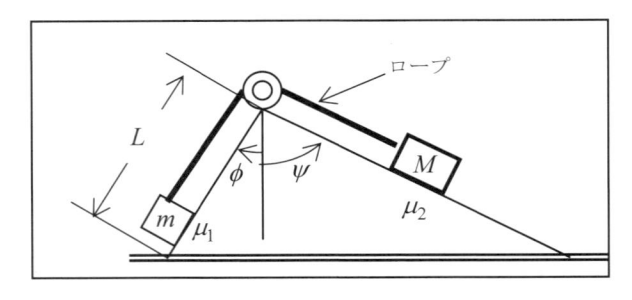

図 10.3 両斜面上の2物体

第 11 章 振り子の運動

本章では，既に高校物理で習った振り子の運動を微分方程式の適用例題として解析し，振り子の振動がどのような仮定(制約条件)に基づいているのかを知っていただきたい．

図 11.1 に示す半径 l [m] のロープの下端に質量 m [kg] の物体が取り付けられており，図中の点 O を中心として振り子のように揺れる円運動，すなわち「**揺動運動**」の解析を行う．振り子の下向き垂線からの傾き角度（回転角と呼ぶ）を $\theta(t)$ [rad] として，運動方程式を導びこう．

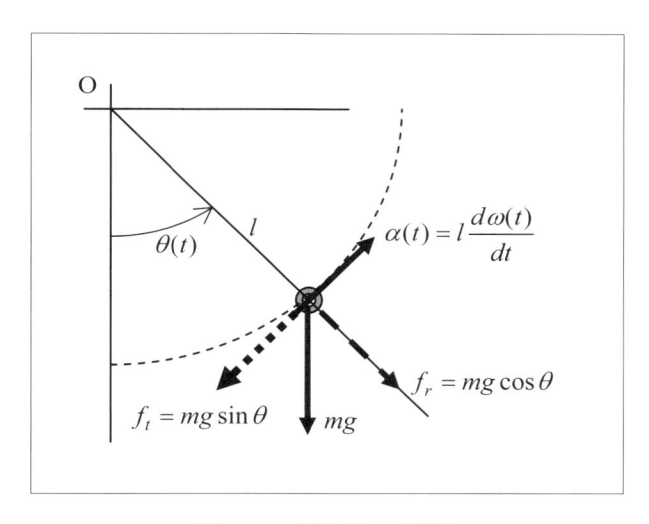

図 11.1 振り子の振動

まず，運動は半径 l の円周上だから，任意時刻 t での物体の運動方向は円の接線方向である．第 3.2 節の回転運動の定義から円周（接線）方向の速度 $v_t(t)$ と加速度 $\alpha_t(t)$ は

$$v_t(t) = l\frac{d\theta(t)}{dt}, \quad \alpha_t(t) = l\frac{d^2\theta(t)}{dt^2} \tag{11.1}$$

となる．

次に，この物体に作用する力を考えてみる．回転角度 $\theta(t)$ の瞬間では，物体に作用する力は重力による下向きの力 mg [N] のみである．この力の半径方向と円周（接線）方向の分力は次のようになる．

$$\text{半径方向：} f_r = mg\cos\theta(t), \quad \text{円周方向：} f_t = mg\sin\theta(t) \tag{11.2}$$

このうち，半径方向には運動しないのだから，半径方向の分力 f_r は物体の回転運動に寄与しない．一方，接線方向の分力 f_t は周加速度とは反対向きに作用し，運動を拘束するように作用する．そこで，周方向の運動についてニュートンの運動則を適用すると，

$$\begin{array}{ccc} m & \alpha & = & F \\ \Downarrow & \Downarrow & & \Downarrow \\ m\alpha_t(t) & = & & -f_t \end{array} \tag{11.3}$$

上式に式(11.1)と式(11.2)の具体的な加速度と作用力を代入すると，回転角度 $\theta(t)$ についての微分方程式となる．

$$ml\frac{d^2\theta(t)}{dt^2} = -mg\sin\theta(t) \Rightarrow \frac{d^2\theta(t)}{dt^2} + \frac{g}{l}\sin\theta(t) = 0 \tag{11.4}$$

この微分方程式はサイン関数の変数として未知関数 $\theta(t)$ が含まれており，完全な「**非線形**」微分方程式である．これを厳密に解く方法はあるが，いまの私たちにはとてもかなわない．

そこで，少し制約を加えて，私たちがアタックできる問題にしよう．振り子の運動をよく観察すると，回転半径 l が大きく回転角度はほんの少し（$|\theta| \ll 1$）であり，回転というよりも，"**揺れ**"と呼ぶことがふさわしいような運動も観察できる．そこで，この揺れのような運動を見ると，回転角度が大変小さく式(11.4)中のサイン関数に近似式が使える．「**微小振れ角**」の制約を与えて，サイン関数に近似式

$$\text{微小振れ角：} \sin\theta \approx \theta; \quad |\theta| \ll 1 \tag{11.5}$$

を適用すると，運動方程式は「**振れ角**」$\theta(t)$ についての線形微分方程式となる．

$$\frac{d^2\theta(t)}{dt^2} + \sqrt{\frac{g}{l}}^2 \theta(t) = 0 \tag{11.6}$$

この微分方程式は，微分しない項の係数は異なるものの，これまで幾度か出現した「**単振動**」の微分方程式である．よって，この微分方程式の一般解は

$$\theta(t) = A\sin\left(\sqrt{g/l} \cdot t\right) + B\cos\left(\sqrt{g/l} \cdot t\right) \tag{11.7}$$

となり，周速度 $v_t(t)$ は

$$v_t(t) = l\frac{d\theta(t)}{dt} = \sqrt{lg}\left\{A\cos\left(\sqrt{g/l} \cdot t\right) - B\sin\left(\sqrt{g/l} \cdot t\right)\right\} \tag{11.8}$$

となる．したがって，初期条件を与えて未定係数 A, B を確定すれば，微小振れ角の振り

子の運動が確定する．本章では，初期変位に対応した初期振れ角と周方向の初速度を与える場合について解析を行うことにする．図 11.2 は，これから考える二つの初期条件を示したものである．

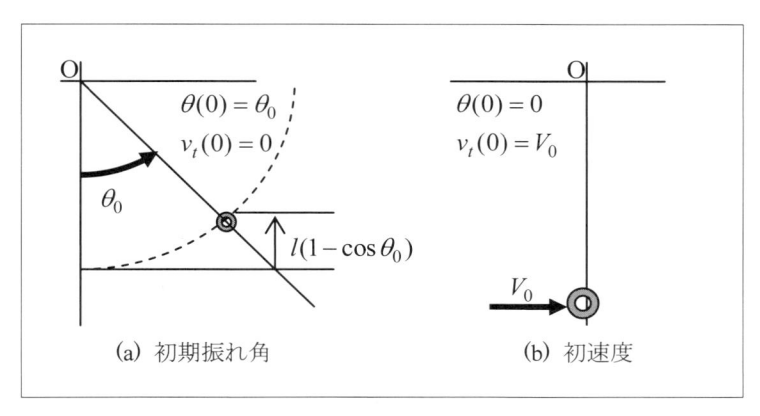

図 11.2 振り子に与える初期条件

11.1 初期振れ角

物体を振れ角 θ_0 [rad] に保持して時刻 $t = 0$ で速度を与えることなく，そっと手放すことを想定する．この場合の初期条件が図 11.2(a)であり，式表示では

$$\theta(0) = \theta_0, \quad v_t(0) = 0 ; \quad t = 0 \tag{11.9}$$

となる．振れ角と周速度の一般解である式(11.7),(11.8)に上式の初期条件を適用すると，未定係数が決まる．

$$\theta(0) = \theta_0 = B, \quad v_t(0) = 0 = A \tag{11.10}$$

そして，振り子の運動は時間変数に関する簡単な三角関数

$$\theta(t) = \theta_0 \cos\left(\sqrt{g/l} \cdot t\right), \quad v_t(t) = -\theta_0 \sqrt{lg} \sin\left(\sqrt{g/l} \cdot t\right) \tag{11.11}$$

の単振動となる．この表示式から振動の振幅は初期振れ角 θ_0 であり，振動数 ω [rad/s] と振動の周期 T [s] は

$$\omega = \sqrt{\frac{g}{l}}, \quad T = \frac{2\pi}{\omega} = 2\pi\sqrt{\frac{l}{g}} \tag{11.12}$$

となることが判明する．なお，振動数と周期は微分方程式(11.6)中の微分しない項の係数によって決まるから，上式左の振動数は振り子の「**固有振動数**」と呼ばれる．この結

果は高校物理（力学）と同じものである．

(1) エネルギーバランス

これまでと同じようにエネルギーバランスを確認してみよう．まず運動の開始時には，物体に速度はないから初期運動エネルギーは与えられていない．与えられたのは，物体が初期振れ角に保持されたときの位置エネルギーである．初期高さは，図 11.2(a)に示したように

$$\text{初期高さ}: l(1-\cos\theta_0) \tag{11.13}$$

である．しかし，われわれは微小振れ角を仮定したので，上式のコサイン関数には近似式

$$\cos\theta_0 \approx 1 - \frac{1}{2}\theta_0^2 \tag{11.14}$$

が適用される．すると，初期高さは

$$l(1-\cos\theta_0) \approx l\left(1 - 1 + \frac{1}{2}\theta_0^2\right) = \frac{1}{2}l\theta_0^2 \tag{11.15}$$

と近似される．したがって，初期位置での位置エネルギーは

$$E_0 = mgh = \frac{1}{2}mgl\theta_0^2 \tag{11.16}$$

となる．

一方，運動している瞬間の位置エネルギー $E(t)$ と運動エネルギー $K(t)$ は

$$\begin{aligned} E(t) &= mgl\{1-\cos\theta(t)\} \approx \frac{1}{2}mgl\theta^2(t) = \frac{1}{2}mgl\theta_0^2\cos^2\left(\sqrt{g/l}\cdot t\right) \\ K(t) &= \frac{1}{2}mv_t^2(t) = \frac{1}{2}mgl\theta_0^2\sin^2\left(\sqrt{g/l}\cdot t\right) \end{aligned} \tag{11.17}$$

である．この二つのエネルギーの和 $E(t)+K(t)$ は初期位置エネルギー $E_0(=mgl\theta_0^2/2)$ に等しいから，エネルギーバランスが確認できる．すなわち，初期振れ角での位置エネルギーで振り子が振動していることになる．

11.2 初速度

次に，図 11.2(b)に示したように，振り子は垂直に静止した状態から瞬間的に周速度が与えられる場合（何らかの力積が瞬間的に与えられたことと同じ）を考える．その初期条件は

$$\theta(0) = 0, \quad v_t(0) = V_0 \tag{11.18}$$

である．この初期条件を式(11.7),(11.8)に適用すると，未定係数は

$$\theta(0) = 0 = B, \quad v_t(0) = V_0 = \sqrt{lg} \cdot A \tag{11.19}$$

となり，振れ角と周速度が完全に決まる．

$$\theta(t) = \frac{V_0}{\sqrt{lg}} \sin\left(\sqrt{g/l} \cdot t\right), \quad v_t(t) = V_0 \cos\left(\sqrt{g/l} \cdot t\right) \tag{11.20}$$

この場合も振り子の「**揺動運動**」の振動数と周期は式(11.12)と同じ，すなわち振り子の固有振動数で振動する．ただ，振幅が異なるのみである．式(11.20)を観察すると，初速度が同じならば，振り子が長いほど，すなわちロープの長さ l が大きいほど角度振幅が小さくなる．しかし，同じ長さの振り子であれば，初期条件にかかわらず，振動数は変わらない．これが振り子の特徴である．

問題［11.1］ 式(11.20)で表された上記例のエネルギーバランスを確認せよ．

11.3　回転運動の微分方程式

第 11.1 および 11.2 節では，円周上を運動する振り子の振動を解析するためにニュートンの運動則を周方向に適用した．ここでは，第 3.5 節で述べた円運動の方程式

慣性モーメント×角加速度　＝　作用モーメント $\tag{11.21}$

を適用して，回転角（振れ角）の微分方程式を導出してみよう．

図 11.1 に戻り，振り子の回転中心点 **O** 回りの慣性モーメントを考えると，中心からの距離がロープの長さ l であり，質量 m の物体はその先端に取り付けてあるから，慣性モーメント I は

$$I = 質量 \times 距離の2乗 = m \cdot l^2 \tag{11.22}$$

となる．また，回転角加速度は回転角（振れ角）の2階微分だから，

$$\frac{d^2\theta(t)}{dt^2} \tag{11.23}$$

そして，回転中心回りに作用するモーメント M は，"重力の接線方分力×ロープの長さ"

$$M = -lmg \sin\theta(t) \tag{11.24}$$

である．これで準備が整ったので，円運動の方程式(11.21)に当てはめると，

第 11 章　振り子の運動

$$I \frac{d^2\theta(t)}{dt^2} = M$$
$$\Downarrow \quad \Downarrow \quad \Downarrow \quad (11.25)$$
$$ml^2 \frac{d^2\theta(t)}{dt^2} = -lmg\sin\theta(t)$$

この運動方程式を整理すると，

$$\frac{d^2\theta(t)}{dt^2} + \frac{g}{l}\sin\theta(t) = 0 \tag{11.26}$$

となり，式(11.4)と同じ微分方程式になる．すなわち，円周上の運動では，どちらの運動則を使っても構わないということである．簡単で便利な方を使えばよいのである．特に注意して欲しいのは，この方法はモーメントを考えているから，回転の軸（中心点O）回りの運動であり，物体の質点に注目しているのではないことである．

問題［11.2］　図 11.3 のように振り子が水中にあり，振れ角は充分小さいものとして周速度に比例した水の抵抗力が周方向に作用すると考えて，振り子の運動方程式を導出せよ．ただし，水の抵抗力は第 3.6 ②項の式(3.21)で与えられるものとする．また，すべての記号は各自が設定すること．

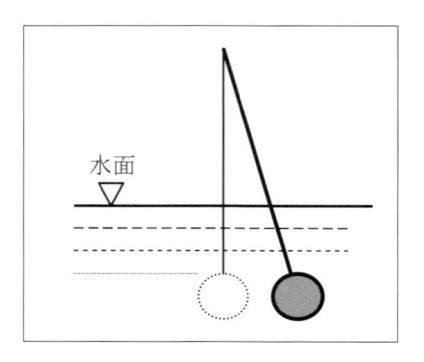

図 11.3　水中の振り子

問題［11.3］　円運動の正確な運動方程式(11.4),(11.26)の両辺に角度変化の勾配 $d\theta(t)/dt$ を乗じて，2階微分方程式を1階微分方程式に直せ．そして，これが解けるかどうか検討せよ．

第 12 章 放物運動

　前章までは物体の位置を示す未知関数が単一のいわゆる「1次元問題」について運動の解析を行ってきた．本章では，物体が2次元平面内を運動する場合の解析を行う．運動則に適用する移動距離・速度・加速度は実移動距離・速度・加速度ではなく，座標軸方向に分解された各成分を用いる．しかし，質量 m [kg] はどの方向にも同じ実質量を使うのである．これは，移動距離や速度・加速度がベクトル量であるのに対して，質量はスカラー量であるために方向に依存しないからである．これが，スカラーたるゆえんでもある．

　本章では，(x, y) 平面内の運動を考え，図 12.1 のように重力は y 軸の負方向に作用するものとする．そして，物体の位置座標 (x, y) は，それぞれが時間 t の関数

　　　時刻 t での物体の x 座標：$x(t)$

　　　時刻 t での物体の y 座標：$y(t)$

とする．この設定によって，各座標軸方向の速度と加速度は

　　　時刻 t での物体の x 軸方向速度：$v_x(t) = \dfrac{dx(t)}{dt}$

　　　時刻 t での物体の y 軸方向速度：$v_y(t) = \dfrac{dy(t)}{dt}$

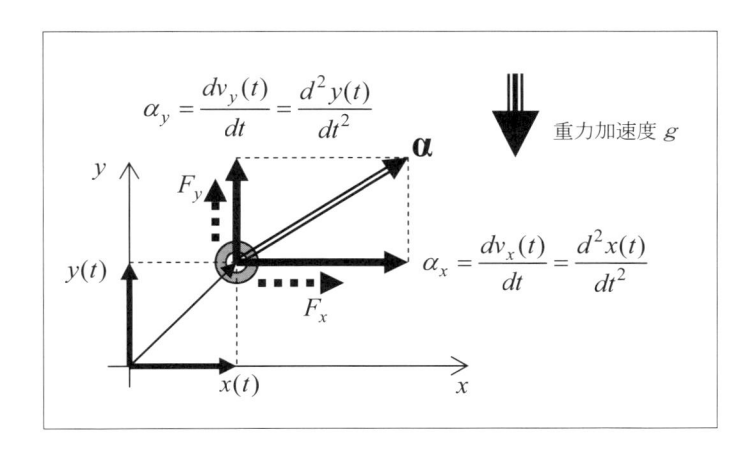

図 12.1　2次元空間中の運動

x 軸方向加速度：$\alpha_x(t) = \dfrac{dv_x(t)}{dt} = \dfrac{d^2x(t)}{dt^2}$

y 軸方向加速度：$\alpha_y(t) = \dfrac{dv_y(t)}{dt} = \dfrac{d^2y(t)}{dt^2}$

と表される．

そこで，物体に作用する外力の座標軸方向成分を (F_x, F_y) とすれば，各座標軸方向の運動についてニュートンの第二法則が適用される．すなわち，

$$\begin{aligned} x \text{ 軸方向の運動方程式}: m\alpha_x = F_x \;\Rightarrow\; m\dfrac{d^2x(t)}{dt^2} = F_x \\ y \text{ 軸方向の運動方程式}: m\alpha_y = F_y \;\Rightarrow\; m\dfrac{d^2y(t)}{dt^2} = F_y \end{aligned} \tag{12.1}$$

である．

いま，図 12.1 のように運動する物体には重力が作用するのみであるから，作用力は

$$F_x = 0, \quad F_y = -mg \tag{12.2}$$

となる．もし，空気抵抗などがあれば，この作用力の表現がそれに応じて変化するだけである．

以上のように 2 次元平面内の運動では，各座標軸方向に分解した加速度と作用力について運動方程式を立てる．しかし，質量はどちらの方向にも同じものを使う．

12.1　斜め放射

さて，前述の準備に基づいて図 12.2 に示すような斜め放射の運動を解析しよう．各座標軸方向の運動方程式は次式となる．

$$\begin{aligned} x \text{ 軸方向の運動方程式}: m\dfrac{d^2x(t)}{dt^2} = 0 \\ y \text{ 軸方向の運動方程式}: m\dfrac{d^2y(t)}{dt^2} = -mg \end{aligned} \tag{12.3}$$

これらは，いずれも単純積分の微分方程式であるから，順次積分すると，

$$v_x(t) = c_1, \quad x(t) = c_1 t + c_2 \tag{12.4}$$

$$v_y(t) = -gt + d_1, \quad y(t) = -\dfrac{1}{2}gt^2 + d_1 t + d_2 \tag{12.5}$$

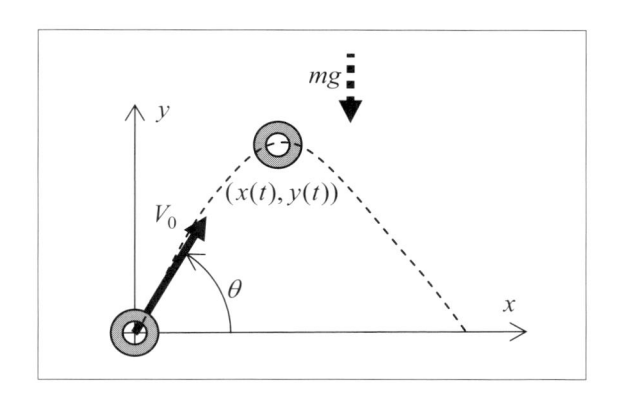

図 12.2 斜め放射運動

となる．ここに，c_1, c_2, d_1, d_2 は積分定数である．

　積分定数を決めるために初期条件を与えるが，それぞれの座標軸方向の運動成分について初期条件を与えなくてはならない．ここでは傾斜角度 θ で初速度を与えるので，速度の各座標方向成分がそれぞれの方向の初速度となる．そして，発射位置を座標原点とすれば，初期条件は次式となる．

$$x\text{軸方向} : v_x(0) = V_0 \cos\theta, \quad x(0) = 0 \,;\quad t = 0$$
$$y\text{軸方向} : v_y(0) = V_0 \sin\theta, \quad y(0) = 0 \,;\quad t = 0 \tag{12.6}$$

この初期条件を式(12.5)の一般解に適用すると，

$$c_1 = V_0 \cos\theta, \quad c_2 = 0, \quad d_1 = V_0 \sin\theta, \quad d_2 = 0 \tag{12.7}$$

となり，平面内の放射運動が確定する．

$$v_x(t) = V_0 \cos\theta, \quad x(t) = V_0 t \cos\theta \tag{12.8a}$$

$$v_y(t) = V_0 \sin\theta - gt, \quad y(t) = \frac{t}{2}(2V_0 \sin\theta - gt) \tag{12.8b}$$

　この結果，x 軸方向には初速度 $V_0 \cos\theta$ での等速運動，y 軸方向には初速度 $V_0 \sin\theta$ での投げ上げ運動をしていることがわかる．そして，y 軸方向の運動を表す式(12.8b)から，最高高度 H とその到達時刻 T_H が決まる．

$$H = \frac{(V_0 \sin\theta)^2}{2g}, \quad T_H = \frac{V_0 \sin\theta}{g} \tag{12.9}$$

また，水平到達距離 L とその時刻 T_L も $y(T_L) = 0$ の条件から簡単に求められる．

$$L = \frac{2V_0^2}{g}\sin\theta\cos\theta = \frac{V_0^2}{g}\sin(2\theta), \quad T_L = \frac{2V_0}{g}\sin\theta \tag{12.10}$$

さらに，最大到達距離は上式中の $\sin(2\theta)=1$ のときであり，放射角度が $\theta=\pi/4\equiv 45°$ となる．このときの最大到達距離と所要時間も式(12.10)から求められる．

$$L_{\max}=\frac{V_0^2}{g},\quad T_{\max}=\sqrt{2}\frac{V_0}{g} \tag{12.11}$$

最後に，式(12.8a),(12.8b)から時間変数を消去すると，(x,y)平面内の「**運動軌跡**」が求められる．

$$y=\frac{g}{2V_0^2\cos^2\theta}\left(\frac{V_0^2}{g}\sin(2\theta)-x\right)x \tag{12.12}$$

これは，平面内の簡単な2次関数，すなわち上に凸の"**放物線**"となっている．このゆえに，重力場での物体の運動を「**放物運動**」と呼んでいる．

(1) エネルギーバランス

さて，ここでもエネルギーバランスについて確認をしてみよう．まず，放射初速度が V_0 であるから，初期運動エネルギー K_0 は

$$\text{初期運動エネルギー}：K_0=\frac{1}{2}mV_0^2 \tag{12.13}$$

となる．次に，運動中の位置エネルギーと運動エネルギーを求める．運動中の高さ（位置）は(12.8b)で与えられるから，位置エネルギー $E(t)$ は

$$\text{位置エネルギー}：E(t)=mgy(t)=\frac{1}{2}m\left\{2V_0gt\sin\theta-(gt)^2\right\} \tag{12.14}$$

となる．また，運動エネルギーを求めるためには，物体の速度成分ではなく"真の速度"が必要である．真の速度 $v(t)$ は各座標軸方向の速度成分の2乗和の平方根であるから，次式となる．

$$\text{速度}：v=\sqrt{v_x^2+v_y^2}=\sqrt{(V_0\cos\theta)^2+(V_0\sin\theta-gt)^2}=\sqrt{V_0^2-2V_0gt\sin\theta+(gt)^2} \tag{12.15}$$

よって，運動エネルギー $K(t)$ は

$$\text{運動エネルギー}：K(t)=\frac{1}{2}mv^2=\frac{1}{2}m\left\{V_0^2-2V_0gt\sin\theta+(gt)^2\right\} \tag{12.16}$$

となる．そこで，エネルギーバランスは

初期投げ上げエネルギー ＝ 上昇した位置エネルギー＋運動エネルギー

であるはずだから，運動中の位置エネルギー式(12.14)と運動エネルギー式(12.16)の和を

求めれば，

$$E(t)+K(t) = \frac{1}{2}m\{2V_0 gt\sin\theta - (gt)^2\} + \frac{1}{2}m\{V_0^2 - 2V_0 gt\sin\theta + (gt)^2\} = \frac{1}{2}mV_0^2 \equiv K_0$$
(12.17)

となる．これは初期運動エネルギーにほかならず，エネルギーバランスが確認された．

12.2 台上からの放射

図 12.3 に示すように，高さ h [m] の台上から角度 θ [rad] の迎角で物体を初速度 V_0 [m/s] で放射する場合の運動を解析する．前節と同じ記号を用いることにし，各座標軸方向の運動方程式を立てると，作用力は重力のみであるから，運動方程式は前節と同じになる．

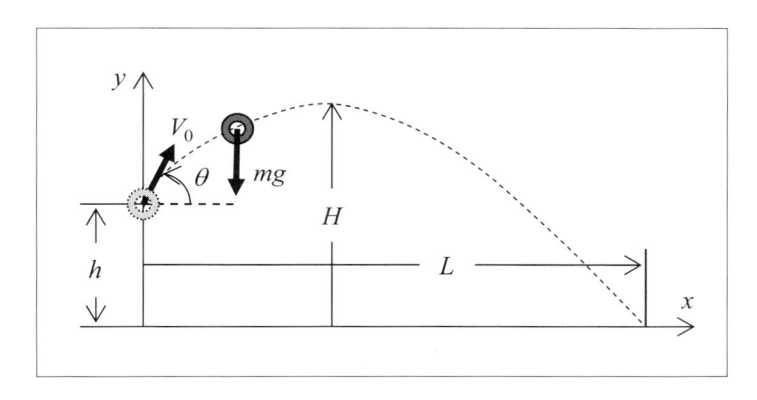

図 12.3 水平台からの放射運動

$$x \text{軸方向の運動方程式}: m\frac{d^2 x(t)}{dt^2} = 0$$
$$y \text{軸方向の運動方程式}: m\frac{d^2 y(t)}{dt^2} = -mg$$
(12.18)

そして，一般解も同じく，次式となる．

$$v_x(t) = c_1, \quad x(t) = c_1 t + c_2$$
$$v_y(t) = -gt + d_1, \quad y(t) = -\frac{1}{2}gt^2 + d_1 t + d_2$$
(12.19)

次に，積分定数 c_1, c_2, d_1, d_2 を決めるために初期条件を与える．この場合，放射速度も

同じであるから，初期速度は初速度の各座標軸方向成分となる．しかし，台上に放射位置があるので，初期高さhが与えられる．したがって，初期条件は次式となる．

$$v_x(0) = V_0 \cos\theta, \quad x(0) = 0 ; \quad t = 0 \\ v_y(0) = V_0 \sin\theta, \quad y(0) = h ; \quad t = 0 \tag{12.20}$$

この初期条件を一般解である式(12.19)に適用して積分定数を決定すると，各座標軸方向の速度と位置（変位）が完全に決まる．

$$v_x(t) = V_0 \cos\theta, \quad x(t) = V_0 t \cos\theta \\ v_y(t) = V_0 \sin\theta - gt, \quad y(t) = V_0 t \sin\theta - \frac{1}{2}gt^2 + h \tag{12.21}$$

この解から，最高高度Hとそれに達する時間T_Hが求められる．

$$H = y(t = T_H) = \frac{V_0^2}{2g}\sin^2\theta + h, \quad T_H = \frac{V_0}{g}\sin\theta \tag{12.22}$$

この高度Hは前節の最高高度に台の高さhを加えているに過ぎないし，到達時間に代わりはない．

また，水平方向の最大到達距離Lと所要時間T_Lはy軸方向の上昇距離がゼロとなる条件

$$y(t = T_L) = V_0 T_L \sin\theta - \frac{1}{2}gT_L^2 + h = 0 \tag{12.23}$$

から求められ，

$$T_L = \frac{1}{g}\left(V_0 \sin\theta + \sqrt{V_0^2 \sin^2\theta + 2gh}\right) \tag{12.24}$$

$$L = x(t = T_L) = \frac{V_0^2}{2g}\sin(2\theta) + \sqrt{\left(\frac{V_0^2}{2g}\sin(2\theta)\right)^2 + \frac{2hV_0^2}{g}\cos^2\theta} \tag{12.25}$$

となる．この最高到達距離と時間は前節とは少し異なり，単に台の高さhを追加するのではなく，2乗和のような形になっている．

(1) エネルギーバランス

エネルギーバランスを確認しよう．まず，物体に与える初期エネルギーは放射速度による運動エネルギーK_0と放射台の持つ位置エネルギーE_0の和である．すなわち，次式である．

$$K_0 + E_0 = \frac{1}{2}mV_0^2 + mgh \tag{12.26}$$

一方,運動中は前節と同じ

$$位置エネルギー:E(t) = mgy(t) = mg\left(V_0 t \sin\theta - \frac{1}{2}gt^2 + h\right) \tag{12.27}$$

と

$$運動エネルギー:K(t) = \frac{1}{2}mv^2(t) = \frac{1}{2}m\left\{(V_0 \cos\theta)^2 + (V_0 \sin\theta - gt)^2\right\} \tag{12.28}$$

である.ただし,速度は各座標軸方向速度の2乗和の平方根である.そして,運動中の位置・運動エネルギーの和を取ると,

$$\begin{aligned}E(t) + K(t) &= mg\left(V_0 t\sin\theta - \frac{1}{2}gt^2 + h\right) + \frac{1}{2}m\left\{(V_0\cos\theta)^2 + (V_0\sin\theta - gt)^2\right\} \\ &= m\left\{V_0 gt\sin\theta - \frac{1}{2}(gt)^2 + gh + \frac{1}{2}V_0^2 - V_0 gt\sin\theta + \frac{1}{2}(gt)^2\right\} \\ &= mgh + \frac{1}{2}mV_0^2 \equiv E_0 + K_0\end{aligned} \tag{12.29}$$

となり,これは初期エネルギーであり,初期エネルギーとのエネルギーバランスが確認される.

問題 [12.1] 図 12.4 のようにバネ定数 k [N/m],長さ l [m] の単一バネに取り付けられた質量 m [kg] の物体が平面内を運動する.この物体の各座標軸方向の運動方程式を求めよ.

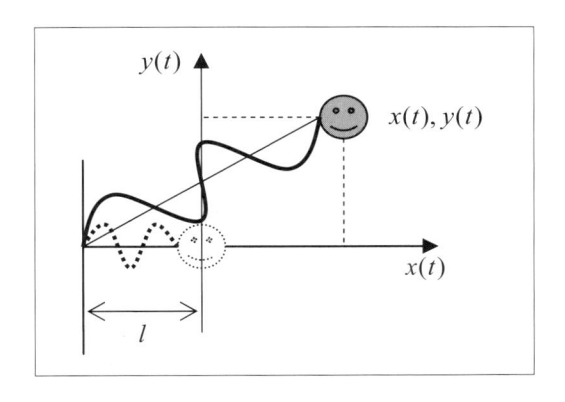

図 12.4 バネに取り付けられた物体の面内運動

第 13 章　タンク底からの水の流出

本章では，各種形状のタンクから流出する水量とタンク水面の降下について検討する．利用される基本物理則は第 3.6 節⑤項の「トリチェリーの原理」による流出速度である．

13.1　円筒タンク

図 13.1 のように，横断面積が $A\,[\mathrm{m}^2]$，底孔の断面積が $a\,[\mathrm{m}^2]$ の円筒タンクに高さ $H\,[\mathrm{m}]$ の水が貯蔵されているものとする．この状態からタンク底孔の栓を抜くと水が流出して，タンクの水面が降下し，最後には水が全部流出して底孔の軸線と同じ水面高さになる．

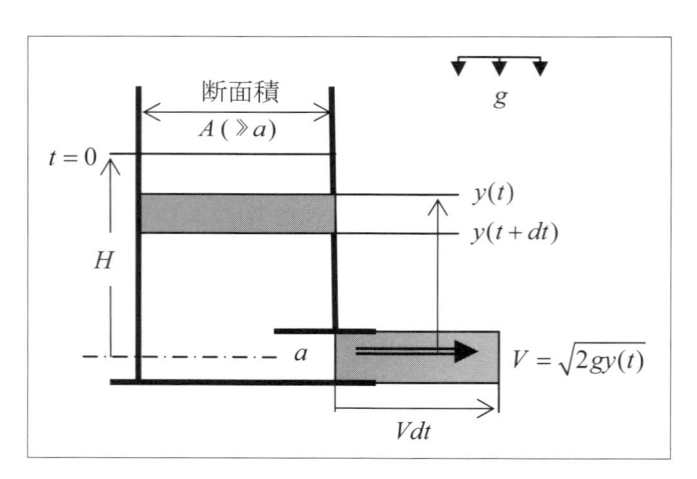

図 13.1　水面高さの変化と流出量

われわれが知りたいのは，①タンクの水面降下が時間とともにどのように変化するのか？　②水が全部流出するまでに幾らの時間がかかるのか？　以上の二つの情報を得たいのである．

そこで，任意時刻 $t\,[\mathrm{s}]$ での水面高さを $y(t)\,[\mathrm{m}]$ として，時刻 t から $t+dt$ までの微小時間 dt 秒間に水面降下で失った水量 $\Delta Q\,[\mathrm{m}^3]$ である体積を求めると，次のようになる．

$$\Delta Q = A\{y(t) - y(t+dt)\} \tag{13.1}$$

また，この微小時間に底孔から流出する水量 $\Delta Q'\,[\mathrm{m}^3]$ は流出速度が $V(t)\,[\mathrm{m/s}]$ であるから，

$$\Delta Q' = aV(t)dt \tag{13.2}$$

となる．そして，水面降下で失った水量 ΔQ は底穴からの流出量 $\Delta Q'$ に等しいはずであるから，式(13.1)と式(13.2)から水量の等値関係をつくると，水面高さと流出速度との関係式が得られる．

$$\Delta Q = \Delta Q' \Rightarrow A\{y(t) - y(t+dt)\} = aV(t)dt \tag{13.3}$$

ここで，微小時間後の水面高さ $y(t+dt)$ は水面変化の勾配を使って表される．

$$y(t+dt) = y(t) + \frac{dy(t)}{dt}dt; \quad dt \to 0 \tag{13.4}$$

また流出速度は，トリチェリーの原理，第3.6節⑤項の式(3.25)により水面高さの関数

$$V(t) = \sqrt{2gy(t)} \tag{13.5}$$

である．そこで，この2式(13.4),(13.5)を式(13.3)に代入し，式を以下のように整理する．

$$\begin{aligned}
A\{y(t) - y(t+dt)\} &= aV(t)dt \\
&\Downarrow \text{式(13.4),(13.5)を代入} \\
A\left[y(t) - \left\{y(t) + \frac{dy(t)}{dt}dt\right\}\right] &= a\sqrt{2gy(t)} \cdot dt \\
&\Downarrow \text{式整理} \\
-A\frac{dy(t)}{dt}dt &= a\sqrt{2gy(t)} \cdot dt \\
&\Downarrow \text{両辺から}dt\text{を約す} \\
A\frac{dy(t)}{dt} &= -a\sqrt{2gy(t)}
\end{aligned} \tag{13.6}$$

この最後の式は，未知の水面高さ $y(t)$ に関する1階微分方程式である．しかも，右辺には未知関数が根号内にあり，非線形の1階微分方程式となっている．非線形の微分方程式だと解くのが難しそうだ！　しかし，この微分方程式を解かなければ，水面の時間変化も，水が流出する所要時間もわからない．チャレンジするしかない！

この最後の微分方程式

$$\frac{dy}{dt} = -\frac{a}{A}\sqrt{2gy} \tag{13.7}$$

をよく眺めて，これまでの微分方程式の解法を思い巡らしてみる．そこで，第2.2(2)項では，1階の変数係数微分方程式を関数 y の項と変数 t の項とに式の左右に分離して解いたことを思い出す．われわれの微分方程式(13.7)もそのように分離する．

$$\frac{dy}{\sqrt{2gy}} = -\frac{a}{A}dt \tag{13.8}$$

すると，この式ならば両辺の式全体に積分を操作することができる．そこで，両辺を各変数で積分すると，

$$\int\left(\frac{dy}{\sqrt{2gy}}=-\frac{a}{A}dt\right) \Rightarrow \int\frac{dy}{\sqrt{2gy}}=-\int\frac{a}{A}dt \Rightarrow \sqrt{\frac{2}{g}}\sqrt{y}=-\frac{a}{A}t+C \tag{13.9}$$

となる．ここに，C は積分定数（未定係数）である．上式の最後の式を水面高さ y について解くと，水面高さが時間の関数として表される．

$$y(t)=\frac{g}{2}\left(C-\frac{a}{A}t\right)^2 \tag{13.10}$$

これで微分方程式(13.7)は解けた！ しかし，積分定数を決めなければ，水面変化が確定しない．そこで，初期条件を考えてみる．積分定数は一つしかないので，一つの初期条件が与えられれば充分である．栓を抜く時刻 $t=0$ での水面高さは H [m] であったのだから，初期条件を

$$y(0)=H; \quad t=0 \tag{13.11}$$

とする．そして，この条件を式(13.10)の一般解に適用すると，二つの積分定数となる．

$$H=\frac{g}{2}C^2 \Rightarrow C=\pm\sqrt{\frac{2H}{g}} \tag{13.12}$$

この正負の値をそれぞれ式(13.10)に代入すると，次のようになる．

$$y(t)=\frac{g}{2}\left(\sqrt{\frac{2H}{g}}-\frac{a}{A}t\right)^2; \quad C=+\sqrt{\frac{2H}{g}} \tag{13.13a}$$

$$y(t)=\frac{g}{2}\left(\frac{a}{A}t+\sqrt{\frac{2H}{g}}\right)^2; \quad C=-\sqrt{\frac{2H}{g}} \tag{13.13b}$$

どちらの解が正しいのであろうか？検討してみよう．まず，負の積分定数を使った式(13.13b)は，時間の経過とともに水面高さ $y(t)$ が増加する．これに対して，正の積分定数を使った第一の解である式(13.13a)は時間の経過とともに水面高さが減少する．したがって，われわれの問題に適合するのは，正の積分定数を使った第一の解の式(13.13a)ということになる．そこで，正解の式(13.13a)を各項が無次元になるように書き直す．

$$\frac{y(t)}{H}=\left(1-\frac{a}{A}\sqrt{\frac{g}{2H}}\cdot t\right)^2 \tag{13.14}$$

これは，時間変数に関する簡単な二次関数である．その略図を図 13.2 に示す．

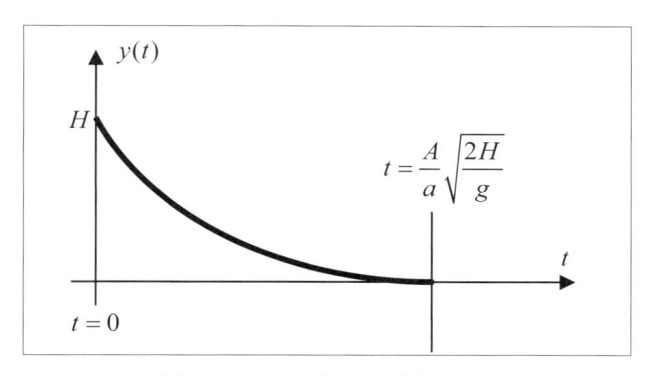

図13.2 水面降下の時間変化

また，次節での異なる形状のタンクの場合と比較するために，座標軸を取り替えた水面高さと経過時間との関係を図13.3に示す．この結果，栓を抜いた初期は速く水面が降下するが，底孔に近づくにつれて降下速度が緩やかになる．そして，水が全部流出するまでの所要時間 T [s] は水面高さがゼロになる $y(t=T)=0$ の条件から求められ，次式となる．

$$T = \frac{A}{a}\sqrt{\frac{2H}{g}} \tag{13.15}$$

この所要時間は，タンク断面と底孔の面積比（A/a）に比例し，初期水面高さ H の 1/2 乗に比例している．そして，図13.3のように面積比が流出時間に大きな影響を持つことがわかる．ちなみに，直径15cmの鍋の底に0.5mmの小孔がある場合，水を高さ10cmまで入れたら，何秒後に鍋は空になるだろうか？

$$T = \frac{A}{a}\sqrt{\frac{2H}{g}} = \frac{\frac{\pi}{4}\left(\frac{15}{100}\right)^2}{\frac{\pi}{4}\left(\frac{0.5}{1000}\right)^2}\sqrt{\frac{2\times 0.1}{9.8}} = 12{,}857 秒 = 3時間34分 \tag{13.16}$$

約3時間半後に空になる．これは小さな鍋ではあるが，比較的時間がかかるということである．実際には小孔での水の粘性抵抗があるから，流出時間はもう少し長くなると推測できる．

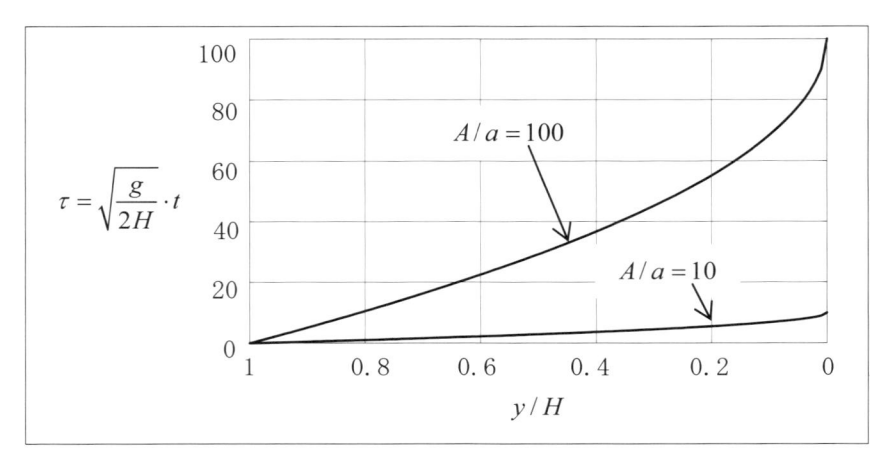

図 13.3 水面高さと経過時間との関係

次に，開栓開始からの流出量は時間とともにどのように変化するのであろうか？ これを求めてみよう．先の微小時間 dt での流出量は，式(13.2)から

$$\Delta Q' = aV(t)dt \tag{13.17}$$

であるから，この微小流出量を開栓 $t=0$ から任意時刻 $t=t$ まで全部積分して加えれば流出量 $Q'(t)$ となる．

$$Q'(t) = \int_{t=0}^{t=t} \Delta Q' = \int_{t=0}^{t=t} aV(t)dt \tag{13.18}$$

式(13.5)を用いて水面高さで表せば，

$$Q'(t) = \int_{t=0}^{t=t} aV(t)dt = \int_{t=0}^{t=t} a\sqrt{2gy(t)} \cdot dt \tag{13.19}$$

となる．さらに，水面高さの解である式(13.14)を代入すると，

$$Q'(t) = \int_{t=0}^{t=t} a\sqrt{2gy(t)} \cdot dt = a\sqrt{2gH} \int_{t=0}^{t=t} \left(1 - \frac{a}{A}\sqrt{\frac{g}{2H}} \cdot t\right) dt = a\sqrt{2gH} \left(t - \frac{a}{2A}\sqrt{\frac{g}{2H}} \cdot t^2\right) \tag{13.20}$$

となる．確認のために，全部流出する時間 T の式(13.15)を代入すると，

$$Q'(T) = a\sqrt{2gH} \frac{A}{a}\sqrt{\frac{2H}{g}} \left(1 - \frac{a}{2A}\sqrt{\frac{g}{2H}} \cdot \frac{A}{a}\sqrt{\frac{2H}{g}}\right) = AH \tag{13.21}$$

となり，タンクの初期水量と一致する．

13.2 逆円錐タンク

円錐を逆にした漏斗のような容器では水面高さの変化はどのような微分方程式になるであろうか？ これを考えてみよう．

図 13.4 のように，底の孔径が d_1 [m]，底孔からの初期水面高さが h [m] で，その水面径が d_2 [m] とする．また，任意時刻 t での水面高さを $y(t)$ [m] とする．基本則として，前節と同じく微小時間 dt での水面降下の水量と流出水量とが等しいという関係を適用する．

そのためには，任意水面高さ $y(t)$ での水面径 $d(t)$ を表現する必要がある．これは直径の線形変化だから，水面高さの関数として表される．

$$d(t) = \frac{d_2 - d_1}{h} y(t) + d_1 \tag{13.22}$$

これを用いれば，任意水面の面積 A [m^2] は次式となる．

$$A(t) = \frac{\pi}{4} d^2(t) = \frac{\pi}{4} \left\{ \frac{d_2 - d_1}{h} y(t) + d_1 \right\}^2 \tag{13.23}$$

よって，微小時間に降下した水量は

$$\Delta Q = A(t)\{y(t) - y(t+dt)\} = -\frac{\pi}{4} \left\{ \frac{d_2 - d_1}{h} y(t) + d_1 \right\}^2 \frac{dy(t)}{dt} dt \tag{13.24}$$

となる．

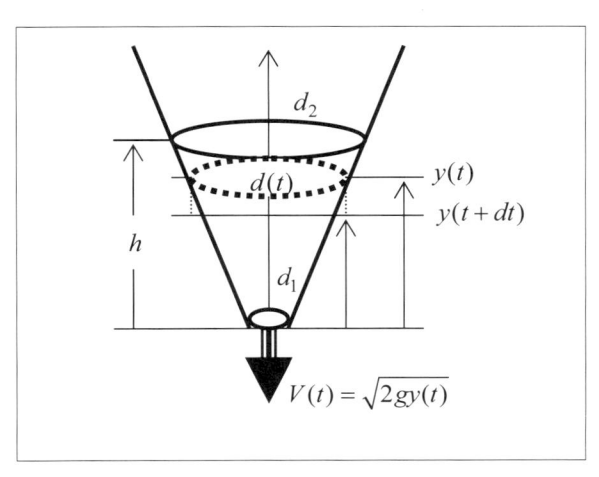

図 13.4 逆円錐タンクからの流出

一方，径 d_1 の底孔から微小時間に流出した水量は，水面高さが $y(t)$ のとき式(13.5)の速度で流出するから，

$$\Delta Q' = \frac{\pi}{4} d_1^2 V(t) dt = \frac{\pi}{4} d_1^2 \sqrt{2gy(t)} \cdot dt \tag{13.25}$$

となる．そこで，微小時間の水量を等値する．

$$\Delta Q = \Delta Q' \Rightarrow -\frac{\pi}{4}\left\{\frac{d_2-d_1}{h}y(t)+d_1\right\}^2 \frac{dy(t)}{dt} dt = \frac{\pi}{4} d_1^2 \sqrt{2gy(t)} \cdot dt \tag{13.26}$$

上式は水面高さ $y(t)$ に関する1階微分方程式であるが，複雑な形なので無次元化を行ってから解法を検討する．そのために，式(13.26)の両辺を d_1^2 で割り，水面高さの無次元化がわかりやすくなるように整理する．

$$-\left\{\left(\frac{d_2}{d_1}-1\right)\frac{y(t)}{h}+1\right\}^2 \frac{d}{dt}\left\{\frac{y(t)}{h}\right\} = \sqrt{\frac{2g}{h}\frac{y(t)}{h}} \tag{13.27}$$

この式であれば，何を無次元化し，何をパラメータとすればよいか，簡単に理解できる．すなわち，無次元パラメータは初期上下孔径の比であり，これを

$$\lambda = d_2/d_1 - 1 \tag{13.28}$$

とし，水面高さ $y(t)$ は初期水面の高さで無次元化する．

$$Y = \frac{y(t)}{h} \tag{13.29}$$

この結果，式(13.27)は簡単な表示

$$-(\lambda Y+1)^2 \frac{dY}{dt} = \sqrt{\frac{2g}{h}Y} \tag{13.30}$$

となる．この1階微分方程式は未知関数 Y について非線形であるから，簡単には解けそうもない．しかし，微分方程式をよくよく眺めてみる．式中には変数 t がなく，関数である Y だけが含まれている．そこで，変数と関数との関係を逆にしてみよう．すなわち，時間は水面高さの関数 $t(Y)$ と考えてみよう．そして，式(13.30)をこの関数 $t(Y)$ の微分方程式となるように分母分子を逆にする．

$$-\frac{1}{(\lambda Y+1)^2}\frac{dt}{dY} = \sqrt{\frac{h}{2gY}} \tag{13.31}$$

変数 Y を含む部分を右辺に移すと，

$$\frac{dt}{dY} = -\sqrt{\frac{h}{2g}}\frac{(\lambda Y+1)^2}{\sqrt{Y}} \tag{13.32}$$

となる．これは，未知関数を $t(Y)$ とした簡単な1階微分方程式であり，第2.1節で示した単純積分で解が得られる．すなわち，式(13.32)を変数"Y"について積分すると，

$$t = -\sqrt{\frac{h}{2g}} \int \left(\lambda^2 Y^{3/2} + 2\lambda Y^{1/2} + Y^{-1/2} \right) dY = C - \sqrt{\frac{2h}{g}} \left(\frac{1}{5}\lambda^2 Y^2 + \frac{2}{3}\lambda Y + 1 \right) \sqrt{Y} \tag{13.33}$$

となる．ここに，C は積分定数である（前節とは，微分方程式の解法は同じであるが，説明の方法が異なっている！）．

これで非線形微分方程式(13.30)は解けた．次に積分定数を決めるために，初期条件を与える．初期条件は，前節と同じように開栓時の初期水面が高さ h の条件

$$y(0) = h \Rightarrow Y = 1; \quad t = 0 \tag{13.34}$$

である．式(13.33)にこれを適用すると

$$0 = C - \sqrt{\frac{2h}{g}} \left(\frac{1}{5}\lambda^2 + \frac{2}{3}\lambda + 1 \right) \Rightarrow C = \sqrt{\frac{2h}{g}} \left(\frac{1}{5}\lambda^2 + \frac{2}{3}\lambda + 1 \right) \tag{13.35}$$

となる．よって，水面高さによる経過時間の変化 $t(Y)$ は

$$\sqrt{\frac{g}{2h}} \cdot t = \frac{1}{5}\lambda^2 (1 - Y^{5/2}) + \frac{2}{3}\lambda (1 - Y^{3/2}) + (1 - Y^{1/2}); \quad 0 \leq Y(= y/h) \leq 1 \tag{13.36}$$

これで完全に微分方程式が解けたことになる．しかし，当初は水面高さを経過時間の関数，すなわち「**順関数**」として表すことを目論んでいたが，得られた解は経過時間が水面高さの関数となり「**逆関数**」となった．しかも，式(13.36)を観察する限り，本来の関数である $Y(t)$ の関数形を求めることはほぼ不可能に近い．このように，微分方程式の解が本来の関数形ではなく，逆関数の形で解が得られることが時々ある．しかし，この逆関数形でも充分な解である．なぜなら，水面高さと経過時間との関係は完全に判明したので，変数を水面高さ Y として経過時間 t のグラフを描き，そのグラフを90°回転させれば，通常の時間による水面高さの変化図となるからである．図13.5はパラメータ λ の値を変えて水面高さの時間変化を描いたものである．

さて，解の式(13.36)について少し検討してみよう．まず，$\lambda = 0$ の場合は底孔とタンク径とが同じ場合であり，水がそのまま落下する状態である．この場合の経過時間は

$$\sqrt{\frac{g}{2H}} \cdot t = 1 - Y^{1/2}; \quad 0 \leq Y(= y/H) \leq 1 \tag{13.37}$$

であり，前節の断面積が同じ $A = a$ の場合に一致する．

$$\sqrt{\frac{g}{2H}} \cdot t = \lim_{A \to a} \left[\frac{A}{a} \left(1 - Y^{1/2} \right) \right] = 1 - Y^{1/2} \tag{13.38}$$

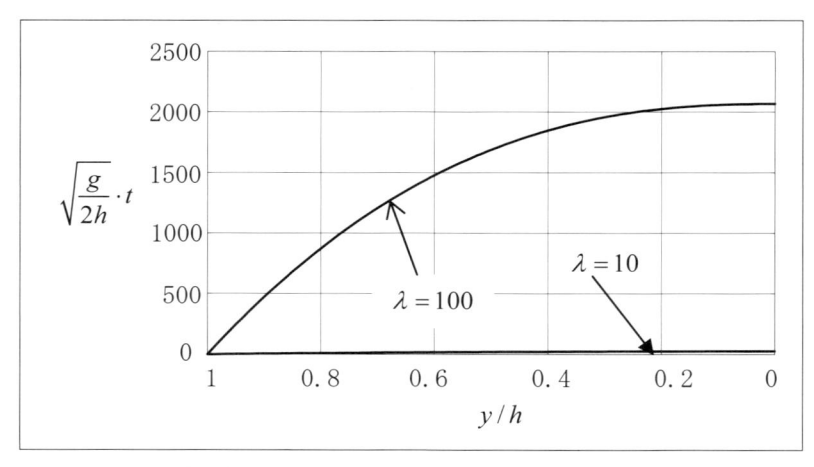

図 13.5 逆円錐タンクからの流出時間と水面高さとの関係

一方，円錐タンクの初期水面径が充分大きな場合 $(d_2 \gg d_1)$ には，パラメータ λ も $\lambda \gg 1$ となり，経過時間と水面高さの関係式(13.36)は近似的ではあるが，簡単に表される．

$$\sqrt{\frac{g}{2h}} \cdot t \approx \frac{1}{5}\lambda^2(1-Y^{5/2}) ; \quad 0 \leq Y(=y/h) \leq 1 \tag{13.39}$$

この場合は，順関数表示の $Y(t)$ を求めることができる．これは読者にお任せしよう．

13.3 球形タンク

北国では冬の燃料として灯油を球形タンクで保管している．時々，タンク底の栓を閉め忘れて灯油が流出する事故がある．このような事件を念頭において球形タンクからの水（油）の流出を考えてみよう．すなわち，半径 R [m] の球形タンクの底にある半径 r [m] の小さな底孔から水（灯油）が全部流出する時間を求めよう．

図 13.6 のように底孔から水面までの高さを $y(t)$ として，この高さは球の中心に水平な軸からの角度 θ の変化として表すと，

$$y(t) = R(1+\sin\theta) \tag{13.40}$$

となる．ここに，角度 θ は水面高さに応じて変化するから，時間の関数

$$\theta \equiv \theta(t) \tag{13.41}$$

となる．また，水面高さが式(13.40)で表されるときの水面半径 $\rho(t)$ は

$$\rho(t) = R\cos\theta \tag{13.42}$$

となるから，水面の面積 $A(t)$ は次式となる．

$$A(t) = \pi R^2 \cos^2 \theta \tag{13.43}$$

そこで，微小 dt 時間の水面降下による水(油)量 ΔQ は

$$\Delta Q = A(t)\{y(t) - y(t+dt)\} \tag{13.44}$$

となるから，式(13.40)と式(13.43)を代入すれば，水面降下による水量が求められる．

$$\Delta Q = \pi R^3 \cos^2 \theta \{\sin \theta(t) - \sin[\theta(t+dt)]\} \tag{13.45}$$

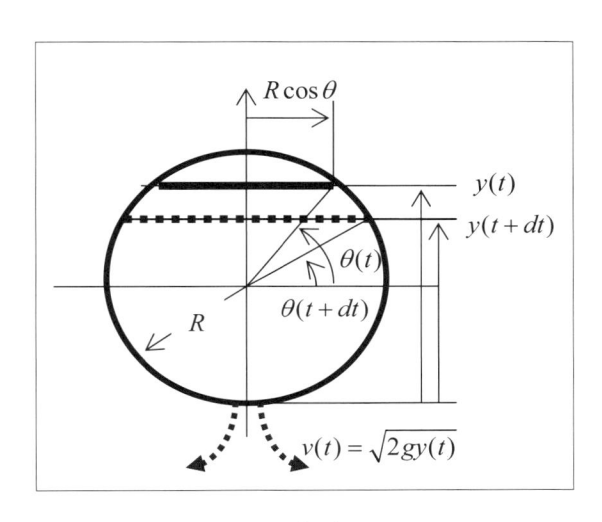

図 13.6 球形タンク

一方，底孔からの流出速度 $V(t)$ と底孔の断面積 a は

$$V(t) = \sqrt{2gy(t)} = \sqrt{2gR(1+\sin\theta)}, \quad a = \pi r^2 \tag{13.46}$$

だから，微小時間の流出量 $\Delta Q'$ は

$$\Delta Q' = \pi r^2 \sqrt{2gR(1+\sin\theta)} \cdot dt \tag{13.47}$$

となる．

水面降下の水量 ΔQ と底孔からの流出量 $\Delta Q'$ を等値すると，

$$\pi R^3 \cos^2 \theta \{\sin \theta(t) - \sin[\theta(t+dt)]\} = \pi r^2 \sqrt{2gR(1+\sin\theta)} \cdot dt \tag{13.48}$$

となり，整理して，少し書き直すと，

$$\cos^2 \theta \left\{ \frac{\sin[\theta(t+dt)] - \sin\theta(t)}{dt} \right\} = -\left(\frac{r}{R}\right)^2 \sqrt{\frac{2g}{R}(1+\sin\theta)} \tag{13.49}$$

となる．この式の左辺中カッコ内は微分の定義形だから，微小時間 dt のゼロ極限を取ると，微分形

第 13 章　タンク底からの水の流出

$$\lim_{dt \to 0}\left\{\frac{\sin[\theta(t+dt)] - \sin\theta(t)}{dt}\right\} = \frac{d}{dt}\{\sin\theta(t)\} = \cos\theta(t)\frac{d\theta(t)}{dt} \tag{13.50}$$

となる．よって，式(13.48)をさらに書き直すと，角度 $\theta(t)$ に関する微分方程式となる．

$$\cos^3\theta \frac{d\theta}{dt} = -\left(\frac{r}{R}\right)^2 \sqrt{\frac{2g}{R}(1+\sin\theta)} \tag{13.51}$$

　これが，球形タンク底からの流出を支配する微分方程式である．未知関数は水面高さではなく，水面と球壁との交差点の水平軸からの傾斜角度 θ となった．微分方程式(13.51)は，前節の式(13.30)のような時間変数 t を含まない形なので，時間を傾斜角度の関数 $t(\theta)$ とした微分方程式に書き直すと，変数が分離された微分形

$$dt = -\left(\frac{R}{r}\right)^2 \sqrt{\frac{R}{2g}} \frac{\cos^3\theta}{\sqrt{1+\sin\theta}} d\theta \tag{13.52}$$

となる．これを積分する．

$$t = \int dt = -\left(\frac{R}{r}\right)^2 \sqrt{\frac{R}{2g}} \int \frac{\cos^3\theta}{\sqrt{1+\sin\theta}} d\theta \tag{13.53}$$

上式右辺の積分は，以下のように行う．

$$\begin{aligned}
I &= \int \frac{\cos^3\theta}{\sqrt{1+\sin\theta}} d\theta \\
&\quad \Downarrow \text{変数変換}: u = 1+\sin\theta,\ \cos\theta d\theta = du,\ \cos^2\theta = 1-(u-1)^2 \\
&= \int \frac{1-(u-1)^2}{\sqrt{u}} du = \int \frac{2u-u^2}{\sqrt{u}} du = \int \left(2u^{1/2} - u^{3/2}\right) du \\
&= \frac{4}{3}u^{3/2} - \frac{2}{5}u^{5/2} = \frac{2}{15}(10-3u)u^{3/2} \\
&\quad \Downarrow \text{元の変数に戻す} \\
&= \frac{2}{15}(7-3\sin\theta)(1+\sin\theta)^{3/2}
\end{aligned} \tag{13.54}$$

この結果，式(13.53)から，一般解が次式のように求められる．

$$\sqrt{\frac{g}{2R}}\cdot t = C - \frac{1}{15}\left(\frac{R}{r}\right)^2 (7-3\sin\theta)(1+\sin\theta)^{3/2} \tag{13.55}$$

ここに，C は積分定数である．

　最後に，積分定数を決めるために初期条件を与える．この解析では水面高さ $y(t)$ そのものではなく，角度 $\theta(t)$ の条件となる．図 13.6 から明らかなように，初期水面は球の上端だから，

$$\theta(0) = +\pi/2\,;\ t = 0 \tag{13.56}$$

となっている．この初期条件を一般解である式(13.55)に適用すると，

$$C = \frac{8\sqrt{2}}{15}\left(\frac{R}{r}\right)^2 \tag{13.57}$$

となり，球形タンクからの流出経過時間 t と角度 θ との関係 $t(\theta)$ が完全に決まる．

$$\sqrt{\frac{g}{2R}} \cdot t = \frac{1}{15}\left(\frac{R}{r}\right)^2 \left\{8\sqrt{2} - (7 - 3\sin\theta)(1 + \sin\theta)^{3/2}\right\} \tag{13.58}$$

この結果に基づいて，当初の目的である全水（油）量の流出時間 T を求めてみる．タンクが空になるときは，角度 θ が

$$\theta(T) = -\pi/2; \quad t = T \tag{13.59}$$

であるから，この条件を式(13.58)に適用すると，

$$T = \frac{16}{15}\left(\frac{R}{r}\right)^2 \sqrt{\frac{R}{g}} \tag{13.60}$$

となる．ちなみに，直径 1 m の球形タンク底に直径 10 mm の底栓が取り付けられている場合の全量流出の所要時間 T [s] は

$$T = \frac{16}{15}\left(\frac{0.5}{5\times 10^{-3}}\right)^2 \sqrt{\frac{0.5}{9.8}} \; [s] \approx 2{,}409\,秒（約 40 分） \tag{13.61}$$

であり，わずか 40 分で大きなタンクが空になってしまう．この球形タンクには約 523 リットル（18 l 灯油缶で 29 缶）貯蔵できるので，栓の閉め忘れは大変危険である．

最後に，完全な解である式(13.58)を水面高さ

$$y = R(1 + \sin\theta) \tag{13.62}$$

を変数とする表示に書き換えると，

$$\sqrt{\frac{g}{2R}} \cdot t = \frac{1}{15}\left(\frac{R}{r}\right)^2 \left\{8\sqrt{2} - \left(10 - 3\frac{y}{R}\right)\left(\frac{y}{R}\right)^{3/2}\right\}; \quad 0 \leq \frac{y}{R} \leq 2 \tag{13.63}$$

となる．これを無次元時間 τ と無次元水面高さ Y

$$\tau = \sqrt{\frac{g}{2R}} \cdot t, \quad Y = \frac{y}{R} \tag{13.64}$$

について描いたものが図 13.7 である．

なお，ここでは水面（$y = R(1 + \sin\theta)$）を傾斜角度によって表したが，球の断面，すなわち，円の方程式 $x^2 + y^2 = R^2$ を用いても同じ結果を得ることができる．この方法は，問題[13.1]の解答に示しているので，参照していただきたい．

第 13 章　タンク底からの水の流出

$$\tau = \sqrt{\frac{g}{2R}} \cdot t$$

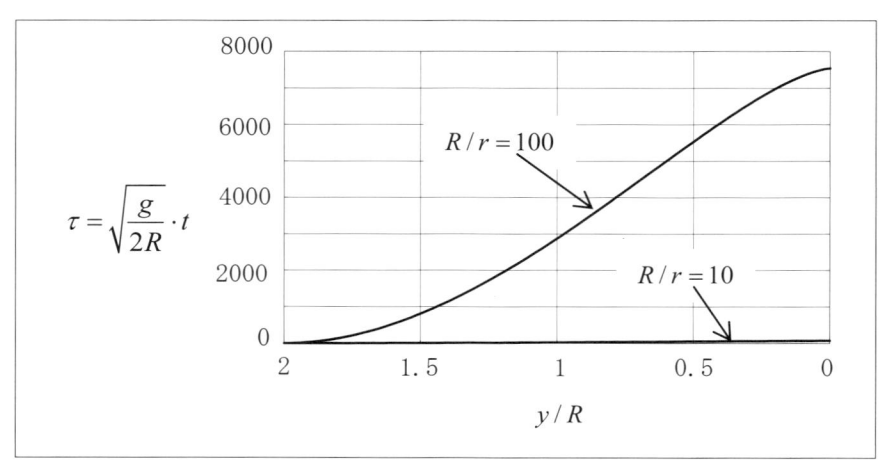

図 13.7　球形タンク内の水面高さと流出時間との関係

問題 [13.1]　図 13.8 のような回転だ円体タンク（樽）内の水面高さと流出時間との関係 $h(t)$ を求めよ．タンク縦断面のだ円形状は短・長径がそれぞれ a,b とし，水が流出する下穴の半径を c とする．なお，回転楕円体はだ円をその軸回りに回転してできる立体であり，回転軸を含む断面形状が図 13.8 のようなだ円になっている．

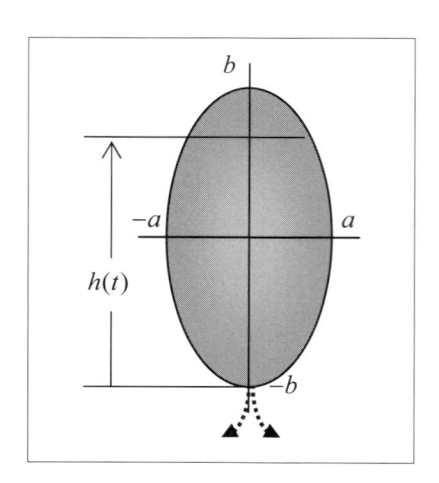

図 13.8　回転だ円体タンク

第 14 章　棒中の熱伝導

　最も安いソーダーガラスの融点は約 550°C である．ガラス工房では真っ赤に焼けたガラスを空気圧で膨らませる図 14.1 のような光景がよく見られる．まだ完全に熔けてはいないが，数百度もあるガラスからわずかしか離れていないところを素手で持ちながら作業をしている．熱くないのかしら？　このガラス細工鉄棒の先端からの温度変化はどうなっているのだろう？　これを解析してみよう．

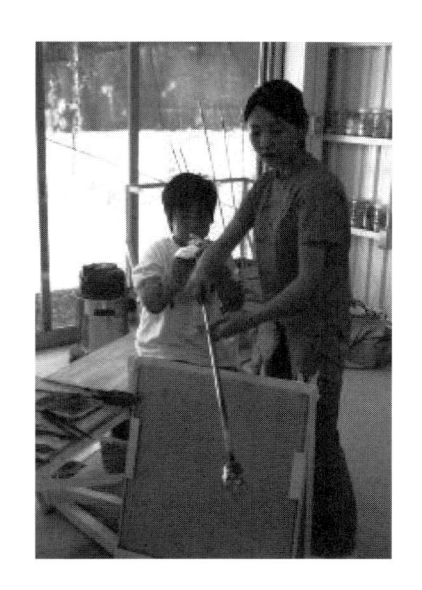

図 14.1　軽井沢ガラス工房（homepage3.nifty.com/glass）

　物体の温度が上昇するということは，物体内部に熱エネルギーが流入することである．熱エネルギーの単位は「ジュール= J」であり，これは力学的エネルギー（位置・運動エネルギー）や仕事量と同じ次元の単位である．熱エネルギーは，別名「**熱量**」とも呼ばれている．本章では，この「熱量」という用語を用いて説明を行う．また，熱の伝わり方には媒体に応じて，固体中の「伝導」，流体中の「対流」，真空中の光の「放射（輻射）」という 3 種の熱の移動形態がある．ここでは，鉄棒の温度変化を調べるので，固体中の「熱伝導」を解析することになる．そして，固体中では第 3.6 節③項の「**フーリエの法則**」に従って熱量（エネルギー）が移動（流動）する．

解析モデルを図 14.2 のように考える．すなわち，断面積 $A\,[\text{m}^2]$ の真直ぐな棒を考え，長手方向に x 軸を取り，棒内の温度は場所（位置）x によって変化するから，棒の内部温度変化を $T(x)\,[\text{K}]$ とする．そして，座標値 x と $x+dx$ とで区切られた微小な要素への熱量の流入，流出のバランスを考えることにする．

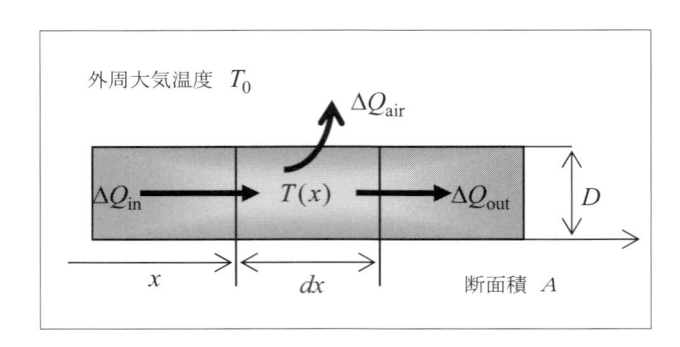

図 14.2 棒内の熱伝導

棒の熱伝導率を $k\,[\text{J/K}\cdot\text{m}\cdot\text{s}]$ とすると，微小要素の左端 x の壁から微小時間 $dt\,[\text{s}]$ 間に要素内に流入する熱量は第 3.6 節の「**フーリエの法則**」に従い，

$$\text{流入熱量}：\Delta Q_{\text{in}} = -kA\frac{dT(x)}{dx}dt \tag{14.1}$$

となる．また，右端 $x+dx$ から微小時間 dt に流出する熱量は，やはりフーリエの法則に従って次式となる．

$$\text{流出熱量}：\Delta Q_{\text{in}} = -kA\frac{d}{dx}\{T(x+dx)\}dt \tag{14.2}$$

ここで，棒の側面から大気中に逃げる（出ていく）熱量について考えてみる．通常，物体と外周大気との温度差が大きければ，大気中に逃げる熱量が多くなると予想できる．また，この熱量は側面の面積や時間に比例することも理解できる．すなわち，大気中に出ていく熱量は物体と外周大気との温度差，側面の面積および時間に比例して棒から熱量が出ていくものと考えることにする．外周大気の温度を $T_0\,[\text{K}]$ とし，この微小要素は直径 $D\,[\text{m}]$ の丸棒と考えると，微小要素は長さ $dx\,[\text{m}]$ の円柱だから，微小 dt 時間に側面から流出する（放出される）熱量は次式のように表される．

$$\text{放出熱量}：\Delta Q_{\text{air}} = h\{T(x)-T_0\}(\pi D)dxdt \tag{14.3}$$

ここに，比例定数 $h\,[\text{J}/(\text{K}\cdot\text{m}^2\cdot\text{s})]$ は「**熱伝達係数**」と呼ばれている．

以上で，図14.2中の微小要素の各側面からの熱量の出入りが表された．そこで，熱量の収支バランス

$$\Delta Q_{\text{in}} - \Delta Q_{\text{out}} - \Delta Q_{\text{air}} = 0 \tag{14.4}$$

に式(14.1)～(14.3)を代入すると，

$$-kA\frac{dT(x)}{dx}dt + kA\frac{d}{dx}\{T(x+dx)\}dt - h\{T(x)-T_0\}(\pi D)dxdt = 0 \tag{14.5}$$

となる．上式(14.5)を整理すると，棒内の場所による温度変化 $T(x)$ についての微分方程式

$$\frac{d^2T(x)}{dx^2} - \frac{\pi hD}{kA}\{T(x)-T_0\} = 0 \tag{14.6}$$

となる．この微分方程式は，外周大気温度の項（T_0を含む項）を非斉次項とする非斉次2階微分方程式であるが，定数の非斉次項は定数の特解となるから，非斉次微分方程式にしないで斉次微分方程式になるように，未知関数を外周大気温度からの変化量とする新しい未知関数 $T^*(x)$

$$T^*(x) = T(x) - T_0 \tag{14.7}$$

を導入する．この結果，式(14.6)は簡単な定数係数の斉次2階微分方程式

$$\frac{d^2T^*(x)}{dx^2} - \frac{4h}{kD}T^*(x) = 0 \tag{14.8}$$

となる．ここに，棒の断面積は棒の直径によって表されること（$A = \pi D^2/4$）を考慮して，式の整理を行っている．

　結局，棒内部の温度変化 $T(x)$ は上式(14.8)の定数係数の2階微分方程式で規定されることになった．これを解けば，ガラス細工棒中の温度分布がわかる．微分方程式(14.8)は，第2.3(c)②項の微分方程式と同じ形であるから，簡単に解を求めることができる．ここでは，理解の確認のために，再度，解法を説明する．

　式(14.8)は定数係数の微分方程式であるから，解をパラメータ p を含んだ指数関数

$$T^*(x) = \exp(px) \tag{14.9}$$

に仮定して代入する．すると，パラメータについての特性方程式

$$p^2 - \frac{4h}{kD} = 0 \tag{14.10}$$

から，二つの固有値

が得られる．よって，一般解は

$$T^*(x) = c_1 \exp\left(+2\sqrt{\frac{h}{kD}} \cdot x\right) + c_2 \exp\left(-2\sqrt{\frac{h}{kD}} \cdot x\right) \tag{14.12}$$

となる．ここに，c_1, c_2 は未定係数である．なお，式(14.7)を使い，一般解を棒そのものの温度分布に書き直すと，次のようになる．

$$T(x) = T_0 + c_1 \exp\left(+2\sqrt{\frac{h}{kD}} \cdot x\right) + c_2 \exp\left(-2\sqrt{\frac{h}{kD}} \cdot x\right) \tag{14.13}$$

$$p = \pm 2\sqrt{\frac{h}{kD}} \tag{14.11}$$

温度分布の一般解が求められたので，具体的な条件を与えて完全な解を決める作業に入る．この温度分布の解は時間変数を持たないので，時間に関する初期条件ではなく，棒の位置についての条件を与えることになる．この位置について与えられる条件が「**境界条件**」と名づけられている．すなわち，一般解の未定係数を確定するために境界条件を与えることになる．そこで，直ちにガラス細工棒の具体例に入る前に，熱伝導の基本的な様相を知るために，長い棒の先端が高温になっている場合の温度分布を調べてみよう．

14.1　半無限棒

図 14.3 に示すように，棒の先端 $x = 0$ が高温度に保持され，無限遠方 $x \to +\infty$ では大気温度 T_0 になっている棒内の温度分布を調べることにする．棒は領域 $0 \leq x < +\infty$ を占めているから，このような棒を「**半無限**」棒と呼んでいる．

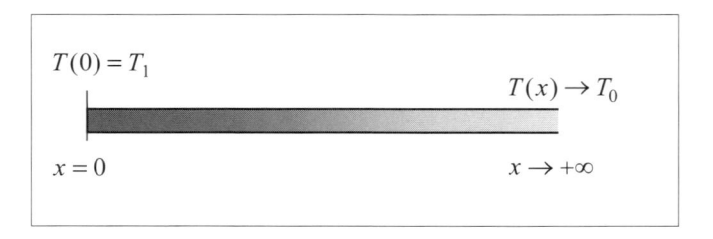

図 14.3　半無限棒の境界条件

この棒に与えられる条件は，先端の温度が T_1 [K]，無限遠方の温度が T_0 [K] ということになる．これを式で表せば，

$$T(0) = T_1 \; ; \quad x = 0$$
$$T(x \to \infty) = T_0 \; ; \quad x \to \infty \tag{14.14}$$

となる．そこで，先端での境界条件，式(14.14)の第1式を式(14.13)に適用すると，

$$T(0) = T_0 + c_1 + c_2 = T_1 \tag{14.15}$$

となる．次に，無限遠方での条件である式(14.14)の第2式を式(14.3)に適用すると，

$$\lim_{x \to +\infty} \{T(x)\} = \lim_{x \to +\infty} \left\{ T_0 + c_1 \exp\left(+2\sqrt{\frac{h}{kD}} \cdot x\right) + c_2 \exp\left(-2\sqrt{\frac{h}{kD}} \cdot x\right) \right\} = T_0 \tag{14.16}$$

となる．この式では，$x \to \infty$ で係数 c_1 の項は発散し，係数 c_2 の項はゼロに収束する．そして，温度そのものは大気温度 T_0 にならなければならない．したがって，係数 c_1 の発散項は式中に存在できない．すなわち，係数 c_1 はゼロとならなくてはいけない．よって，未定係数の値は，

$$c_1 = 0, \quad c_2 = T_1 - T_0 \tag{14.17}$$

となる．これを再度，一般解の式(14.13)に代入すると，

$$T(x) = T_0 + (T_1 - T_0) \exp\left(-2\sqrt{\frac{h}{kD}} \cdot x\right) \tag{14.18}$$

となる．これが半無限棒内の**温度分布**である．この温度変化式を大気温との温度差として書き直し，無次元表示にすると，簡単な単一の指数関数となる．

$$\frac{T(x) - T_0}{T_1 - T_0} = \exp\left(-2\sqrt{\frac{h}{kD}} \cdot x\right) \tag{14.19}$$

この指数関数は負の変数を持つから，棒内部では長手方向に指数関数的に急激に温度が低下することを意味している．しかも，熱伝達率 h が大きければ，大きいほど棒の温度が長手方向に急激に減少することを示している．

14.2 有限棒

前節で半無限棒内の温度分布が指数関数的に変化することが判明した．本節では図14.4に示すガラス細工棒のような有限長さの場合について解析を行う．まず，有限棒の長さを l [m]，棒の先端を $x = 0$ とし，高温 T_1 [K] に保持されているものとする．また，他端を $x = l$ とし，大気温と同じ温度 T_0 [K] とする．この有限棒の境界条件を式で表すと，

$$T(0) = T_1 \; ; \quad x = 0$$
$$T(l) = T_0 \; ; \quad x = l \tag{14.20}$$

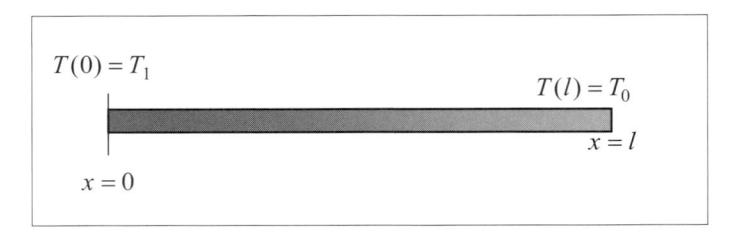

図 14.4 有限棒の境界条件

となる．前節の一般解である式(14.13)にこの境界条件を適用すると，

$$T(0) = T_0 + c_1 + c_2 = T_1$$
$$T(l) = T_0 + c_1 \exp\left(+2\sqrt{\frac{h}{kD}} \cdot l\right) + c_2 \exp\left(-2\sqrt{\frac{h}{kD}} \cdot l\right) = T_0 \tag{14.21}$$

となり，未定係数についての連立方程式

$$\begin{cases} c_1 + c_2 = T_1 - T_0 \\ c_1 \exp\left(+2\sqrt{\frac{h}{kD}} \cdot l\right) + c_2 \exp\left(-2\sqrt{\frac{h}{kD}} \cdot l\right) = 0 \end{cases} \tag{14.22}$$

が得られる．これを解くと，

$$c_1 = -(T_1 - T_0) \frac{\exp\left(-2\sqrt{\frac{h}{kD}} \cdot l\right)}{\exp\left(+2\sqrt{\frac{h}{kD}} \cdot l\right) - \exp\left(-2\sqrt{\frac{h}{kD}} \cdot l\right)}$$

$$c_2 = +(T_1 - T_0) \frac{\exp\left(+2\sqrt{\frac{h}{kD}} \cdot l\right)}{\exp\left(+2\sqrt{\frac{h}{kD}} \cdot l\right) - \exp\left(-2\sqrt{\frac{h}{kD}} \cdot l\right)} \tag{14.23}$$

となる．さらに，式(14.13)にこれらを代入し，双曲線関数を使って整理すると，ガラス細工棒内の温度変化が確定する．

$$\frac{T(x) - T_0}{T_1 - T_0} = \frac{\exp\left(+2\sqrt{\frac{h}{kD}} \cdot (l-x)\right) - \exp\left(-2\sqrt{\frac{h}{kD}} \cdot (l-x)\right)}{\exp\left(+2\sqrt{\frac{h}{kD}} \cdot l\right) - \exp\left(-2\sqrt{\frac{h}{kD}} \cdot l\right)} = \frac{\sinh\left(2\sqrt{\frac{h}{kD}} \cdot (l-x)\right)}{\sinh\left(2\sqrt{\frac{h}{kD}} \cdot l\right)}$$

$$\tag{14.24}$$

この温度変化もまた指数関数的に変化している．無次元化を行って，さらに簡単な表

示にしよう．上式を観察すると，熱伝導率や熱伝達係数は一つの組合せになっているから，無次元パラメータ β と無次元距離 ξ

$$\beta = 2l\sqrt{\frac{h}{kD}}, \quad \xi = \frac{x}{l} \tag{14.25}$$

を導入し，整理すると，極めて簡単な表示になる．

$$\frac{T(x)-T_0}{T_1-T_0} = \frac{\sinh\{\beta(1-\xi)\}}{\sinh(\beta)} \tag{14.26}$$

式(14.26)の結果が図 14.5 である．パラメータ β の値が大きい（$\beta=10$）と棒の温度は急激に下がり，棒の真ん中あたりではほぼ外周の大気温と同じ温度になっている．これが図 14.1 の熱くない理由である．

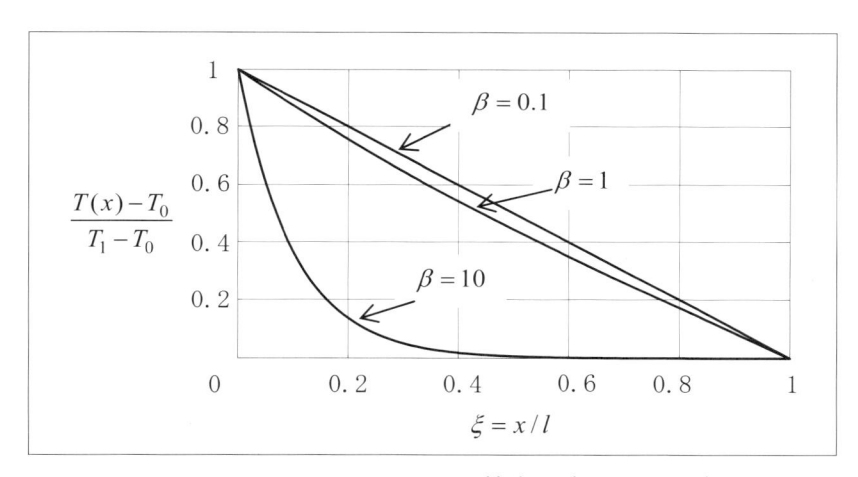

図 14.5 パラメータ β による棒内温度分布の相違

問題 [14.1] 式(14.3)を利用して棒の側面全体から流出する単位時間当たりの熱量を①半無限棒と②有限棒の場合について求め，その相違について検討せよ．

第 15 章 ロープやベルトの張力変化

　丸棒（pulley）にロープを数回巻き付けると比較的大きな力でないとロープが動かない．これは，ロープと丸棒間の摩擦抵抗力に起因している．例えば，図 15.1 のように物体を取り付けたロープを棒に数回巻き付けてロープの他端を引っ張ると，物体の重量 W [N] よりも小さな力 F [N] で支えることができる．ロープの巻付け回数を増やせば，他端を引っ張る必要もなくなる．これは，なぜなのか？ 本章では，ロープと丸棒（固定された滑車）間の摩擦を考慮したロープ内の張力変化を調べる．

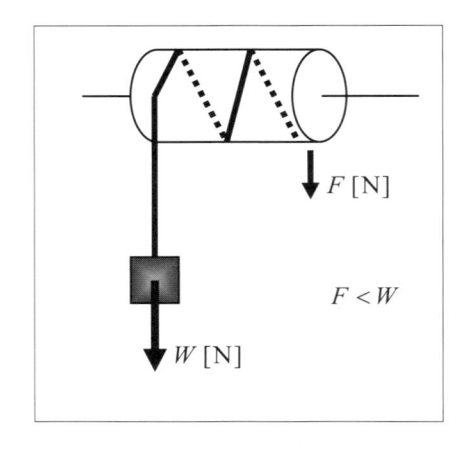

図 15.1 巻付けロープ

　ロープ内の張力を調べる前に，図 15.1 のロープ端点での張力を考えてみよう．物体が取り付けられている端では物体の重量 W が張力として作用しており，他端の力で支えている点では引張り力 F が張力として作用している．すると，棒に巻き付いているロープ内では張力が F から W へと変化していることになる．したがって，ロープの張力は巻き付いている位置によって変化する．そして，両端がそれぞれ重量と支持力の張力になっているということである．

　そこで，図 15.2(a) に示すようにロープの張力 T [N] は，巻付け角度位置 θ [rad] の関数 $T(\theta)$ と考える．そして，任意点 θ を中心とする開き角度 $d\theta$ のロープの微小要素について力のつり合いを考える．この際，ロープと棒との"静"摩擦係数を μ_s とする．

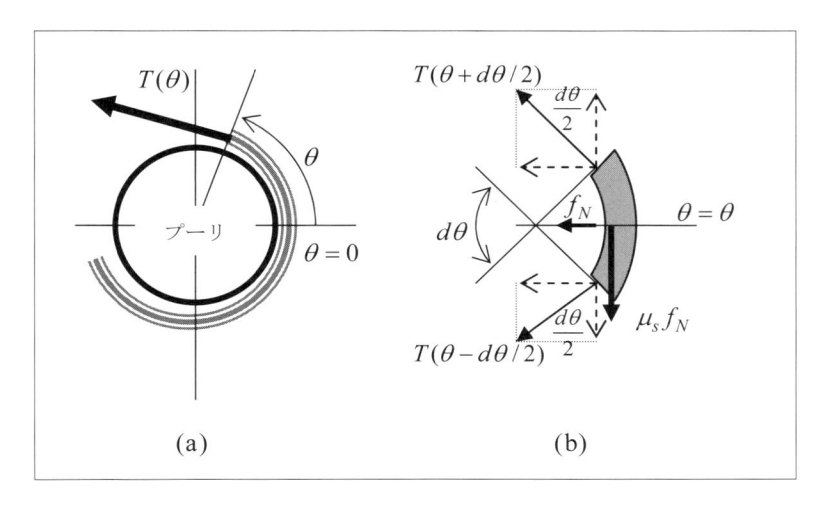

図 15.2 ロープに作用する張力と摩擦抵抗力

　図 15.2(b) は，微小要素 $d\theta$ に作用する張力や摩擦抵抗力を図示したものである．要素両端に作用する張力はそれぞれ $T(\theta \pm d\theta/2)$ であり，$\theta = \theta$ 軸からそれぞれ角度 $\pm d\theta/2$ だけ傾いて作用している．この二つの張力から棒の $\theta = \theta$ 表面を押す力が生じ，これによって摩擦抵抗力がロープの要素に作用する．すなわち，ロープの微小要素には，両端のロープ張力と摩擦抵抗力が作用している．しかも，張力 $T(\theta \pm d\theta/2)$ は $\theta = \theta$ 軸には平行でも，直交でもないので，張力を水平な $\theta = \theta$ 軸とそれに垂直な方向とに分解して"**力**"のつり合いを考えなくてはならない．

　水平と垂直な方向の力のつり合いを考えるために摩擦抵抗力を求めておく．棒を押す力は微小要素上下端の張力の水平成分であるから，その大きさは，

$$\text{丸棒表面を押す力}: f_N = T\left(\theta - \frac{d\theta}{2}\right)\sin\left(\frac{d\theta}{2}\right) + T\left(\theta + \frac{d\theta}{2}\right)\sin\left(\frac{d\theta}{2}\right) \tag{15.1}$$

である．この力に応じて摩擦抵抗力

$$\text{摩擦抵抗力}: f = \mu_s f_N = \mu_s \left\{ T\left(\theta - \frac{d\theta}{2}\right) + T\left(\theta + \frac{d\theta}{2}\right) \right\} \sin\left(\frac{d\theta}{2}\right) \tag{15.2}$$

が生じ，要素の垂直下向きに作用する．

　そこで，要素に作用する力の垂直方向のつり合いは

$$T\left(\theta + \frac{d\theta}{2}\right)\cos\left(\frac{d\theta}{2}\right) - T\left(\theta - \frac{d\theta}{2}\right)\cos\left(\frac{d\theta}{2}\right) - \mu_s f_N = 0 \tag{15.3}$$

となる．この式に，摩擦抵抗力の具体的表現式(15.2)を代入すると，垂直方向のつり合

いは次式となる.

$$T\left(\theta+\frac{d\theta}{2}\right)\cos\left(\frac{d\theta}{2}\right)-T\left(\theta-\frac{d\theta}{2}\right)\cos\left(\frac{d\theta}{2}\right)-\mu_s\left\{T\left(\theta-\frac{d\theta}{2}\right)+T\left(\theta+\frac{d\theta}{2}\right)\right\}\sin\left(\frac{d\theta}{2}\right)=0$$
(15.4)

この式を整理するために，以下のような微小変化の近似式を用いる．

$$T\left(\theta\pm\frac{d\theta}{2}\right)\approx T(\theta)\pm\frac{dT(\theta)}{d\theta}\frac{d\theta}{2},\quad \cos\left(\frac{d\theta}{2}\right)\approx 1,\quad \sin\left(\frac{d\theta}{2}\right)\approx\frac{d\theta}{2}$$
(15.5)

そして，次のような計算過程を経て，張力変化 $T(\theta)$ についての微分方程式が得られる．

$$T\left(\theta+\frac{d\theta}{2}\right)\cos\left(\frac{d\theta}{2}\right)-T\left(\theta-\frac{d\theta}{2}\right)\cos\left(\frac{d\theta}{2}\right)-\mu_s\left\{T\left(\theta-\frac{d\theta}{2}\right)+T\left(\theta+\frac{d\theta}{2}\right)\right\}\sin\left(\frac{d\theta}{2}\right)=0$$

$$\Downarrow$$

$$T(\theta)+\frac{dT(\theta)}{d\theta}\frac{d\theta}{2}-T(\theta)+\frac{dT(\theta)}{d\theta}\frac{d\theta}{2}-\mu_s\left\{T(\theta)-\frac{dT(\theta)}{d\theta}\frac{d\theta}{2}+T(\theta)+\frac{dT(\theta)}{d\theta}\frac{d\theta}{2}\right\}\frac{d\theta}{2}=0$$

$$\Downarrow$$

$$\left\{\frac{dT(\theta)}{d\theta}-\mu_s T(\theta)\right\}d\theta=0$$
(15.6)

一方，丸棒表面を押す力である式(15.1)が棒からの抗力と同じなので，水平方向のつり合いは自動的に満足されることになる．結局，式(15.6)の最後の式からロープに作用する張力変化は簡単な定数係数の1階微分方程式

$$\frac{dT(\theta)}{d\theta}-\mu_s T(\theta)=0 \tag{15.7}$$

によって支配されることが判明した．

この微分方程式(15.7)はこれまで幾度か解いてきた定数係数の1階微分方程式であり，その解法は第2.2 (1)項に説明されている．よって，微分方程式(15.7)の一般解は

$$T(\theta)=C\exp(\mu_s\theta) \tag{15.8}$$

となる．ここに，C は未定係数である．

次に，一般解に含まれる未定係数を決めなくてはならない．先の図15.1を見れば，ロープの両端に力が作用しているから，両端での張力に条件を与えることになりそうである．しかし，一般解には一つの未定係数しかないので，二つの条件を与えることはできない．そこで，一つの条件だけを与えることで2種の解を求めて検討を行うことにする．そのために，ロープが巻き付いている角度領域は $0\leq\theta\leq\Theta$ として，荷重が作用している

端を $\theta = \Theta$,また,支持している端を $\theta = 0$ として,以下の2条件で完全な解を求めることにする.

15.1 負荷端の条件

負荷端（$\theta = \Theta$)では,物体の重量 W が張力として作用するので,境界条件は

$$T(\Theta) = W ; \quad \theta = \Theta \tag{15.9}$$

となる.この条件を一般解である式(15.8)に適用すると,

$$W = C\exp(\mu_s\Theta) \Rightarrow C = W\exp(-\mu_s\Theta) \tag{15.10}$$

となり,張力変化の完全な表示式は

$$T(\theta) = W\exp\{-\mu_s(\Theta - \theta)\} \tag{15.11}$$

となる.次いで,支持端では張力 F であるから,

$$T(0) = W\exp(-\mu_s\Theta) = F \tag{15.12}$$

となり,負荷重量 W と支持力 F との関係

$$\frac{F}{W} = \exp(-\mu_s\Theta) \tag{15.13}$$

が得られるので,式(15.11)を支持端力 F で書き直すと,

$$T(\theta) = F\exp\{-\mu_s(\Theta - \theta)\}\exp(+\mu_s\Theta) = F\exp(\mu_s\theta) \tag{15.14}$$

となる.すなわち,ロープ内での張力変化は式(15.11),もしくは式(15.14)のように変化することになった.

15.2 支持端の条件

支持端（$\theta = 0$)では支持力 F が張力として作用するので,境界条件は

$$T(0) = F ; \quad \theta = 0 \tag{15.15}$$

となり,これを一般解の式(15.8)に適用すると,未定係数が決まり

$$C = F \tag{15.16}$$

となる.よって,ロープの張力変化は

$$T(\theta) = F\exp(\mu_s\theta) \tag{15.17}$$

となる.これは,式(15.14)と同じである.そして,負荷端の張力は

$$T(\Theta) = F\exp(\mu_s\Theta) = W \tag{15.18}$$

となり，式(15.13)と同じ関係式が得られる．

　結局，どちらの境界条件でも同じ解となることが判明した．特に，重要なのは負荷端の重量 W とそれを支える支持力 F との関係式(15.13)である．再度書き出すと，

$$F = W \exp(-\mu_s \Theta) \tag{15.19}$$

である．支持力 F は負荷重量 W に負の変数を持つ指数関数 $\exp(-\mu_s \Theta)$ 倍したものであり，巻付け角度 Θ の増大に伴い支持力は大きく減少する．例えば，摩擦係数が $\mu_s = 0.01$（ものすごく滑りやすい状態），ロープの巻き回数が 10 巻き $\Theta = 20\pi$ の場合には，

$$\exp(-\mu_s \Theta) = \exp(-0.01 \times 20\pi) \approx 0.534 \tag{15.20}$$

となり，ほぼ半分の力で物体を支えられることになる．摩擦係数が大きければ，さらに小さな力で支えられることになる．巻付けロープが物体を支えるポイントはこれであった．

　最後に，重量と支持力との関係式(15.14)を利用して摩擦係数を求める公式を提示しておく．式(15.13)を摩擦係数について解くと，

$$\log\left[\frac{F}{W} = \exp(-\mu_s \Theta)\right] \;\Rightarrow\; \log(F/W) = -\mu_s \Theta \;\Rightarrow\; \mu_s = \frac{1}{\Theta} \log\left(\frac{W}{F}\right) \tag{15.21}$$

となる．この式は，ロープの巻き角 Θ を決めて，ロープが滑り出す直前の荷重 W と支持力 F を測定すれば，「**摩擦係数**」が測定できることを示している．

　さらに，面白いのはロープを巻き付けている棒（pully）の径がこの式に入っていないことである．いい方を変えれば，ロープと棒の接触面積の大小に関係なく摩擦抵抗が生じていることであり，巻付け回数 Θ のみが基本パラメータになっている．

問題の解答

問題 [1.1]

(1) $e^{\pi i/6} = \cos(\pi/6) + i\sin(\pi/6) = \dfrac{\sqrt{3}+i}{2}$

(2) 3点とも複素面上の同じ点 $\dfrac{1+i\sqrt{3}}{2}$ を示す.

(3) ① $z = e^{\pi i/3} \Rightarrow z^{1/2} = e^{\pi i/6} = \dfrac{\sqrt{3}+i}{2}$

② $z = e^{(2+1/3)\pi i} \Rightarrow z^{1/2} = e^{\pi i + \pi i/6} = -\dfrac{\sqrt{3}+i}{2}$

③ $z = e^{(4+1/3)\pi i} \Rightarrow z^{1/2} = e^{2\pi i + \pi i/6} = \dfrac{\sqrt{3}+i}{2}$

問題 [1.2] 指数関数の展開式に $x = i\theta$ を代入し，実部と虚部に分離すると

$$e^{i\theta} = 1 - \frac{1}{2!}\theta^2 + \frac{1}{4!}\theta^4 - \frac{1}{6!}\theta^6 + \ldots + i\left(\theta - \frac{1}{3!}\theta^3 + \frac{1}{5!}\theta^5 - \frac{1}{7!}\theta^7 + \ldots\right)$$

となる．一方，三角関数の展開式は

$$\cos\theta = 1 - \frac{1}{2!}\theta^2 + \frac{1}{4!}\theta^4 - \frac{1}{6!}\theta^6 + \ldots, \quad \sin\theta = \theta - \frac{1}{3!}\theta^3 + \frac{1}{5!}\theta^5 - \frac{1}{7!}\theta^7 + \ldots$$

だから，指数関数の展開式の実部は $\cos\theta$ を，虚部は $\sin\theta$ を表している.

問題 [1.3] 関数 $f(x) = \dfrac{1}{1\pm x}$ を式(1.22)のように展開するとして，その係数を式(1.23)に従って計算すれば，

$$\frac{1}{1-x} = 1 + x + x^2 + x^3 + \ldots, \quad \frac{1}{1+x} = 1 - x + x^2 - x^3 + \ldots$$

となるから，第2項目までを取れば近似式となる．

問題 [1.4] 複素フーリエ級数の展開式(1.38)に従い，係数を求めるための積分を行うと，

$$c_n = \frac{1}{2\pi}\int_{-\pi}^{+\pi}\begin{Bmatrix}+1; 0 < x \leq +\pi \\ -1; -\pi \leq x < 0\end{Bmatrix}e^{-inx}dx = \frac{1}{2\pi}\left(-\int_{-\pi}^{0}e^{-inx}dx + \int_{0}^{+\pi}e^{-inx}dx\right)$$

$$= \frac{1}{2\pi}\left\{\frac{1}{in}\left[1 - e^{+in\pi}\right] - \frac{1}{in}\left[e^{-in\pi} - 1\right]\right\} = \frac{1}{n\pi i}\left(1 - \frac{e^{+in\pi} + e^{-in\pi}}{2}\right)$$

$$= \frac{1}{n\pi i}\{1 - \cos(n\pi)\} = \frac{1}{n\pi i}\begin{cases}2; & n = \pm 1, \pm 3, \pm 5, \pm 7, \ldots \\ 0; & n = 0, \pm 2, \pm 4, \pm 6, \ldots\end{cases}$$

となり，この係数を展開式(1.38)に代入するとフーリエ級数の展開式が決まる．

$$f(x) = \begin{cases} +1; & 0 < x \leq +\pi \\ -1; & -\pi \leq x < 0 \end{cases} = \sum_{n=\pm 1, \pm 3, \pm 5, \ldots}^{+\infty} \frac{2}{n\pi i} e^{inx} = \sum_{n=1,3,5,\ldots}^{+\infty} \frac{2}{n\pi i}\left(e^{inx} - e^{-inx}\right)$$

$$= \sum_{n=1,3,5,\ldots}^{+\infty} \frac{2}{n\pi i} 2i\sin(nx) = \frac{4}{\pi} \sum_{n=1,3,5,\ldots}^{+\infty} \frac{1}{n}\sin(nx)$$

問題 [2.1]　各自微分して代入してください．

問題 [2.2]　$g(x) = ce^{ax}$

問題 [2.3]　図Aのように指数関数部によって減衰の強さが決まり，コサイン関数部は振動の速さを決めているが，振幅の減衰が早くてあまり振動していないように見える．

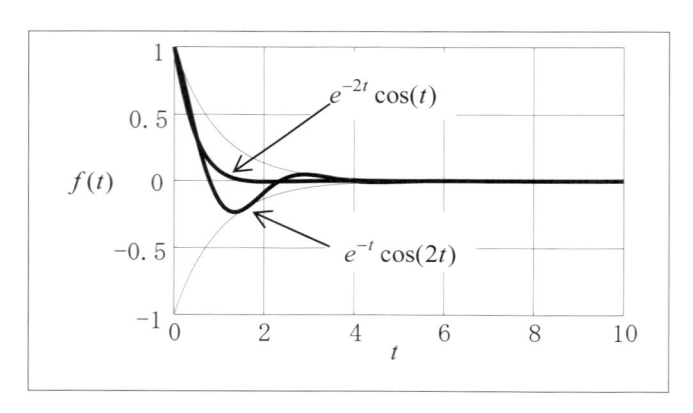

図A　減衰振動の比較

問題 [2.4]　積分定数項は斉次解と同じであるから，特解としては不要になる．

問題 [2.5]

(1) $y_p = \dfrac{C}{c^2}$，　(2) $y_p = \dfrac{1}{c^2}\left(x - \dfrac{2b}{c^2}\right)$，　(3) $y_p = \dfrac{1}{c^2}\left\{x^2 - \dfrac{4b}{c^2}x + \dfrac{2}{c^2}\left(\dfrac{4b^2}{c^2} - 1\right)\right\}$，

(4) $y_p = -\dfrac{p^2 - c^2}{(p^2 - c^2)^2 + (2bp)^2}\left\{\sin(px) + \dfrac{2bp}{p^2 - c^2}\cos(px)\right\}$，　(5) $y_p = \dfrac{e^{px}}{p^2 + 2bp + c^2}$

問題 [2.6]　三つの斉次解を使って特解を

$$y_p = A(x)y_1(x) + B(x)y_2(x) + C(x)y_3(x)$$

と仮定する．ここに，$A(x), B(x), C(x)$ を未定係数関数とする．この特解を微分方程式に代入する準備を行う．まず，1階微分は

$$y'_p = A(x)y'_1(x) + B(x)y'_2(x) + C(x)y'_3(x) + \{A'(x)y_1(x) + B'(x)y_2(x) + C'(x)y_3(x)\}$$

中括弧部をゼロ

$$A'(x)y_1(x) + B'(x)y_2(x) + C'(x)y_3(x) = 0 \tag{A}$$

とする．2階微分は次式となる．

$$y''_p = A(x)y''_1(x) + B(x)y''_2(x) + C(x)y''_3(x) + \{A'(x)y'_1(x) + B'(x)y'_2(x) + C'(x)y'_3(x)\}$$

ここでも中括弧部をゼロとして，

$$A'(x)y'_1(x) + B'(x)y'_2(x) + C'(x)y'_3(x) = 0 \tag{B}$$

3階微分を求める．

$$y'''_p = A(x)y'''_1(x) + B(x)y'''_2(x) + C(x)y'''_3(x) + \{A'(x)y''_1(x) + B'(x)y''_2(x) + C'(x)y''_3(x)\}$$

各微分を問題の微分方程式に代入すると，

$$A(x)\{y'''_1(x) + ay''_1(x) + by'_1(x) + cy_1(x)\} + B(x)\{y'''_2(x) + ay''_2(x) + by'_2(x) + cy_2(x)\}$$
$$+ C(x)\{y'''_3(x) + ay''_3(x) + by'_3(x) + cy_3(x)\} + \underline{A'(x)y''_1(x) + B'(x)y''_1(x) + C'(x)y''_1(x) = q(x)}$$

となり，上式中の中括弧内は斉次解の微分方程式そのものであるからゼロとなる．よってアンダーライン部の係数を1階微分した部分と非斉次項との関係が残る．

$$A'(x)y''_1(x) + B'(x)y''_1(x) + C'(x)y''_1(x) = q(x) \tag{C}$$

結局，式(A),(B),(C)が未定係数の微係数についての連立方程式を構成する．

問題 [3.1]

(a) 棒が押しのけた流体の体積は $Ax\,[\text{m}^3]$ だから，浮力は $f = \rho g A x\,[\text{N}]$ となる．

(b) 球の一部が沈んでいるから，問題図3.7(b)の球の中心に座標原点に持つ x, y 軸を取る．そして，水中に沈んでいる部分の体積を積分で求めると，

$$V(y) = \int_{y=-r}^{y=y} \pi(r^2 - y^2)dy = \pi\left(r^2 y - \frac{1}{3}y^3 + \frac{2}{3}r^3\right)$$

となり，球が受ける浮力は次式となる．

$$f = \rho g V(y) = \pi \rho g \left(r^2 y - \frac{1}{3}y^3 + \frac{2}{3}r^3\right)\,[\text{N}]$$

問題 [4.1]
 (1) 両者の運動方程式は次式である．
$$m: \quad m\frac{d^2 y(t)}{dt^2} = T - mg, \qquad M: \quad M\frac{d^2 y(t)}{dt^2} = Mg - T$$
 (2) 運動方程式を張力と加速度について解く．
$$T = \frac{2Mm}{M+m}g, \qquad \frac{d^2 y(t)}{dt^2} = \frac{M-m}{M+m}g$$
 (3) 初期条件を完全静止条件
$$y(0) = \left.\frac{dy(t)}{dt}\right|_{t=0} = 0$$
として，加速度の微分方程式を解くと，変位と速度が求められる．
$$y(t) = \frac{1}{2}\frac{M-m}{M+m}gt^2, \qquad v(t) = \frac{dy(t)}{dt} = \frac{M-m}{M+m}gt$$
そして，距離 L [m] を上昇（下降）する時間 τ [s] と衝突速度 V [m/s] は
$$\tau = \sqrt{\frac{2L}{g}\frac{M+m}{M-m}}, \qquad V = \sqrt{2gL\frac{M-m}{M+m}}$$
 (4) 滑車の角速度は
$$\omega(t) = 2\frac{M-m}{M+m}\frac{gt}{D}$$

問題 [5.1]
 (1) $\alpha(t) = \dfrac{d^2 y(t)}{dt^2}$, (2) $m\dfrac{d^2 y(t)}{dt^2} = -mg \Rightarrow \dfrac{d^2 y(t)}{dt^2} = -g$,
 (3) $y(t) = -\dfrac{1}{2}gt^2 + c_1 t + c_2$, $v(t) = -gt + c_1$, (4) $y(0) = H$, $v(0) = V_0$
 (5) $y(t) = -\dfrac{1}{2}gt^2 + V_0 t + H$, $v(t) = -gt + V_0$
 (6) $T_1 = \dfrac{V_0}{g} + \sqrt{\left(\dfrac{V_0}{g}\right)^2 + \dfrac{2H}{g}}$, $V = -\sqrt{V_0^2 + 2gH}$, (7) $T_2 = \dfrac{V_0}{g}$, $H_{\max} = H + \dfrac{V_0^2}{2g}$

問題 [6.1] 図 6.1 と同じ記号を使えば，運動方程式は式(6.3)，その一般解は式(6.10)となる．この解に初速度の初期条件である $v(0) = V_0$; $t = 0$ を与えると，落下速度の時間変化は
$$v(t) = \frac{mg}{C_D}\left\{1 - e^{-(C_D/m)t}\right\} + V_0 e^{-(C_D/m)t}$$
となり，$t \to \infty$ では初速度の項は消滅し，終末速度 $V_\infty = mg/C_D$ に変化はない．

問題 [7.1]　運動方程式は

$$m\frac{d^2 y(t)}{dt^2} = -ky(t) - mg \Rightarrow \frac{d^2 y(t)}{dt^2} + \sqrt{\frac{k}{m}}^2 y(t) = -g$$

となり，この一般解は

$$y(t) = A\sin\left(\sqrt{k/m} \cdot t\right) + B\cos\left(\sqrt{k/m} \cdot t\right) - mg/k$$

となる．よって，(1) 固有振動数 $\omega = \sqrt{k/m}$ に変わりはない．また，初期条件

$$y(0) = -x_0, \quad v(0) = \left.\frac{dy(t)}{dt}\right|_{t=0} = 0$$

を適用して，未定係数 A, B を決定すると，(2) 振動変位が確定する．

$$y(t) = -(x_0 - mg/k)\cos\left(\sqrt{k/m} \cdot t\right) - mg/k$$

問題 [8.1]

(1) m :　$m\dfrac{d^2 x(t)}{dt^2} = T - \mu_d mg$,　M :　$M\dfrac{d^2 x(t)}{dt^2} = Mg - T$

(2) $T = \dfrac{(1+\mu_d)Mm}{M+m}g$,　$\dfrac{d^2 x(t)}{dt^2} = \dfrac{M - \mu_d m}{M+m}g$,　(3) $x(0) = \left.\dfrac{dx(t)}{dt}\right|_{t=0} = 0$

(4) $x(t) = \dfrac{1}{2}\dfrac{M - \mu_d m}{M+m}gt^2$,　$v(t) = \dfrac{M - \mu_d m}{M+m}gt$

(5) $\tau = \sqrt{\dfrac{2L}{g}\dfrac{M+m}{M - \mu_d m}}$,　$V = \sqrt{2gL\dfrac{M - \mu_d m}{M+m}}$

問題 [8.2]　図Bのように共通 x 軸とブレーキ開始時間を設定する．そして，ブレーキ開始時の初速度を $V(=100\,\text{km/h})$ とし，B車の1秒遅れの距離を l とする．両車とも摩擦抵抗を受ける滑り水平運動だから，運動方程式は $m\ddot{x} = -\mu mg$ となり，A車の初期条件は $x(0) = 0, v(0) = V$，B車の初期条件は $x(0) = l, v(0) = V$ として，速度と移動距離の時間変化を求めると，

A車：$x(t) = Vt - \mu gt^2/2$,　$v(t) = V - \mu gt$,　　B車：$x(t) = l + Vt - \mu gt^2/2$,　$v(t) = V - \mu gt$

(1) 路面の摩擦係数は $\mu = V^2/(2gL) \approx 0.39$

(2) B車が $x(T) = L$ となる時間と速度は

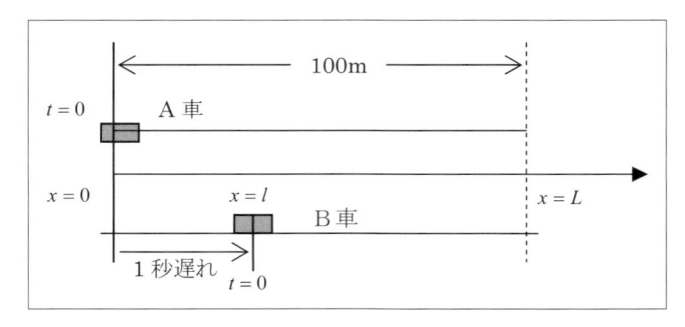

図B　共通座標の設定

$$T = \frac{V - \sqrt{V^2 - 2\mu g(L-l)}}{\mu g}, \quad v(T) = \sqrt{V^2 - 2\mu g(L-l)}$$

この速度式中の摩擦係数に(1)の摩擦係数式を代入すると，$v(T) = V\sqrt{l/L} = V\sqrt{(V\cdot 1)/L}$ となり，衝突速度は $v(T) \approx 0.527V$，すなわち時速 52.7km となる（ブレーキをかけるのが，わずか1秒しか遅くないのに速度は半分以下にならないで衝突する！）．

問題［9.1］ 図Cのように，物体が運動している瞬間にニュートンの運動則を適用する．

$$m\frac{d^2 x(t)}{dt^2} = -k_1 x(t) - k_2 x(t) \quad \Rightarrow \quad \frac{d^2 x(t)}{dt^2} + \sqrt{\frac{k_1 + k_2}{m}}^2 x(t) = 0 \tag{D}$$

よって，(1) 固有振動数は $\omega = \sqrt{(k_1 + k_2)/m}$ となる．次に，運動方程式(D)を変位 $x(t)$ について解けば，

$$x(t) = A\sin\left(\sqrt{\frac{k_1 + k_2}{m}} \cdot t\right) + B\cos\left(\sqrt{\frac{k_1 + k_2}{m}} \cdot t\right)$$

となるので，初期条件

$$x(0) = x_0, \quad v(0) = \left.\frac{dx(t)}{dt}\right|_{t=0}$$

を適用して未定係数を決めると，(2) 振動変位が求められる．

$$x(t) = x_0 \cos\left(\sqrt{\frac{k_1 + k_2}{m}} \cdot t\right)$$

すなわち，初期変位 x_0 を振幅として単振動をすることになる．

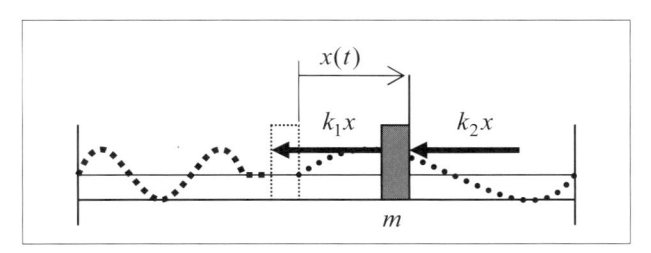

図C 物体に作用するバネの復元力

問題 [9.2] 図Dのように，物体には二つのバネの復元力が同時に作用するから，運動方程式は問題[9.1]と同じ形の微分方程式(D)になる．すなわち，バネと質量との構成は異なるが，振動そのものに変わりはない．

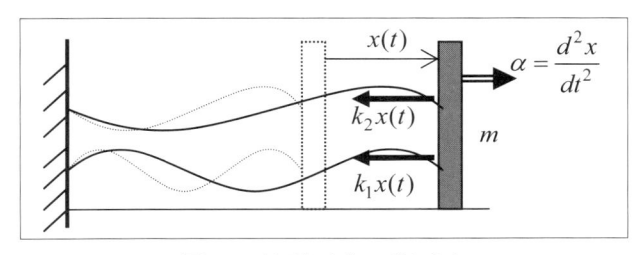

図D 並列バネの復元力

問題 [10.1] 斜面上の物体に作用する斜面に沿う方向の力は図Eのようになるから，運動方程式は

$$\text{小さい物体}: m\frac{d^2x(t)}{dt^2} = T - mg(\cos\phi + \mu_1\sin\phi)$$

$$\text{大きい物体}: M\frac{d^2x(t)}{dt^2} = Mg(\cos\psi - \mu_2\sin\psi) - T$$

となる．この運動方程式を加速度とロープの張力について解くと，

$$\frac{d^2x(t)}{dt^2} = \frac{M(\cos\psi - \mu_2\sin\psi) - m(\cos\phi + \mu_1\sin\phi)}{M+m}g$$

$$T = \frac{\cos\psi - \mu_2\sin\psi + \cos\phi + \mu_1\sin\phi}{M+m}Mmg$$

となる．完全静止条件を使って加速度の微分方程式を解く．

$$v(t) = \frac{dx(t)}{dt} = \frac{M(\cos\psi - \mu_2\sin\psi) - m(\cos\phi + \mu_1\sin\phi)}{M+m}gt$$

$$x(t) = \frac{M(\cos\psi - \mu_2\sin\psi) - m(\cos\phi + \mu_1\sin\phi)}{M+m}\frac{gt^2}{2}$$

この解に移動距離 $x(\tau) = L$ の条件を適用して時刻 τ を求めれば，滑車に衝突する速度が決まる．

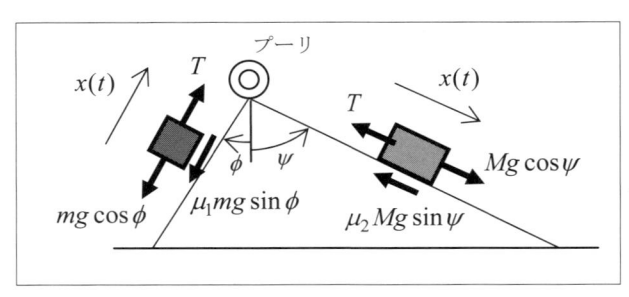

図 E 斜面上の物体に作用する力

$$\tau = \sqrt{\frac{2L(M+m)/g}{M(\cos\psi - \mu_2 \sin\psi) - m(\cos\phi + \mu_1 \sin\phi)}}$$

$$v(\tau) = \sqrt{2gL \frac{M(\cos\psi - \mu_2 \sin\psi) - m(\cos\phi + \mu_1 \sin\phi)}{M+m}}$$

問題 [11.1] 初速度によって与えられた初期エネルギーは

$$K_0 = \frac{1}{2}mV_0^2$$

であり，運動中の位置エネルギーと運動エネルギーは

$$E(t) = mgl\{1 - \cos\theta(t)\} \approx \frac{1}{2}mgl\theta^2(t) = \frac{1}{2}mV_0^2 \sin^2\left(\sqrt{g/l} \cdot t\right)$$

$$K(t) = \frac{1}{2}mv_t^2(t) = \frac{1}{2}mV_0^2 \cos^2\left(\sqrt{g/l} \cdot t\right)$$

であるから，$K_0 = E(t) + K(t)$ のエネルギーバランスが確認できる．

問題 [11.2] 記号は図 F のように定義し，回転運動の運動方程式を適用する．慣性モーメントは $I = ml^2$，重力によるモーメントは $M_1 = mgl\sin\theta$，流体の抵抗力によるモーメントは $M_2 = C_D \cdot l(d\theta/dt) \cdot l$ だから，回転運動の運動方程式は

$$I\frac{d^2\theta}{dt^2} = M \quad \Rightarrow \quad ml^2\frac{d^2\theta}{dt^2} = -C_D l^2 \frac{d\theta}{dt} - mgl\sin\theta$$

となる．よって，回転角度に関する微分方程式

$$\frac{d^2\theta}{dt^2} + \frac{C_D}{m}\frac{d\theta}{dt} + \frac{g}{l}\sin\theta = 0$$

に微小振れ角の制約（$|\theta| \ll 1$）を導入すると，定数係数の2階微分方程式に帰着される．

$$\frac{d^2\theta}{dt^2} + \frac{C_D}{m}\frac{d\theta}{dt} + \sqrt{\frac{g}{l}}^2 \theta = 0$$

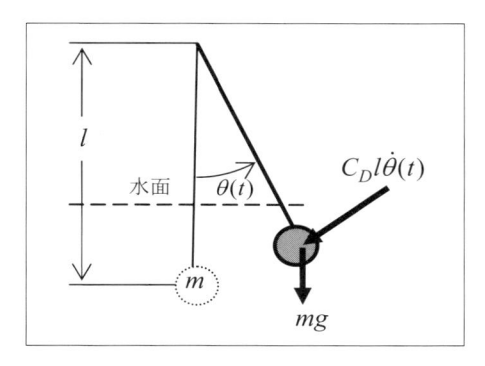

図 F 振り子に作用する力

これは定数係数の2階微分方程式であり，第 2.3.1 項の解法を適用して厳密に解くことができる．一般解を得たあと，各種の初期条件で未定係数を決定すれば，水中振り子の運動が確定する．

問題［11.3］ 運動方程式(11.4)に角度変化の勾配を掛けると，各項は微分形に書き直される．

$$\frac{d\theta}{dt}\frac{d^2\theta}{dt^2} + \frac{g}{l}\frac{d\theta}{dt}\sin\theta = 0$$
$$\Downarrow$$
$$\frac{1}{2}\frac{d}{dt}\left(\frac{d\theta}{dt}\right)^2 - \frac{g}{l}\frac{d}{dt}(\cos\theta) = 0$$

これを変数 t について積分し，左右両辺に変数を分離すると，

$$\frac{1}{2}\left(\frac{d\theta}{dt}\right)^2 - \frac{g}{l}\cos\theta = C \;\Rightarrow\; \frac{d\theta}{dt} = \pm\sqrt{\frac{2g}{l}\cos\theta + 2C} \;\Rightarrow\; \pm\frac{d\theta}{\sqrt{2C + (2g/l)\cos\theta}} = dt$$

となる．さらに，両辺を各変数で積分する．

$$t = \pm\int\frac{d\theta}{\sqrt{C + (2g/l)\cos\theta}}$$

この積分は「だ円積分」と呼ばれる特殊な積分なので，もう少し微積分を勉強しないとこの積分を扱うことができないから，積分形のままとする．しかも，解の形は $\theta(t)$ の順関数ではなく，逆関数 $t(\theta)$ となっているので，この扱いにも工夫が必要となる．

問題［12.1］ 図 G のように記号を導入する．質点の位置が (x, y) のとき，バネの長さは $L = \sqrt{(l+x)^2 + y^2}$ となり，バネの伸びは $\Delta l = L - l = \sqrt{(l+x)^2 + y^2} - l$ となる．バネの復元力 $f = k\Delta l$ はバネの方向であるから，これを各座標軸方向に分解して，各方向の運動方程式を求めると，

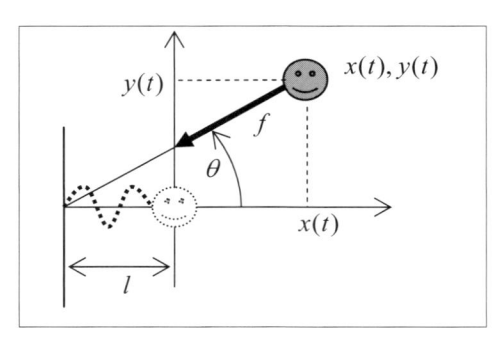

図 G　バネに取り付けられた物体の面内運動

$$m\frac{d^2x}{dt^2}=-k\left\{\sqrt{(l+x)^2+y^2}-l\right\}\cos\theta,\quad m\frac{d^2y}{dt^2}=-k\left\{\sqrt{(l+x)^2+y^2}-l\right\}\sin\theta$$

となる．ここで，幾何学的関係 $L\cos\theta=l+x$, $L\sin\theta=y$ を用いて運動方程式中の三角関数を書き直し，微分方程式の形で表すと，

$$\frac{d^2x}{dt^2}+\frac{k}{m}\left\{\sqrt{(l+x)^2+y^2}-l\right\}\frac{l+x}{\sqrt{(l+x)^2+y^2}}=0$$

$$\frac{d^2y}{dt^2}+\frac{k}{m}\left\{\sqrt{(l+x)^2+y^2}-l\right\}\frac{y}{\sqrt{(l+x)^2+y^2}}=0$$

これは，二つの未知関数 (x,y) についての大変複雑な「**連立非線形微分方程式**」となっている．私たちは，この微分方程式を解析的に紙と鉛筆で解くことはできない．このような場合にコンピュータを使った「**数値解法**」という方法が利用されるのである．

問題［13.1］ 図Hのようにだ円断面の中心を原点とする (x,y) 座標を取る．水面高さと y 座標との関係は $h=y+b$ となり，この水面の横断面積は πx^2 となる．次に，微小時間 dt で降下した水面は $-dy$ であるから，流出量は $\Delta Q=\pi x^2(-dy)$ となる．一方，下穴の断面積は πc^2，流出速度は $\sqrt{2gh}$ であるから，微小時間に流出した水量は $\Delta Q'=\pi c^2\sqrt{2gh}\cdot dt$ となる．二つの流量 $\Delta Q, \Delta Q'$ は等しいはずだから，等値関係をつくると，

$$\pi x^2(-dy)=\pi c^2\sqrt{2gh}\cdot dt$$

となる．ここで，だ円の関係式 $(x/a)^2+(y/b)^2=1$ と水面高さ h と y 座標値との関係式 $h=y+b$ を利用して，置き換え

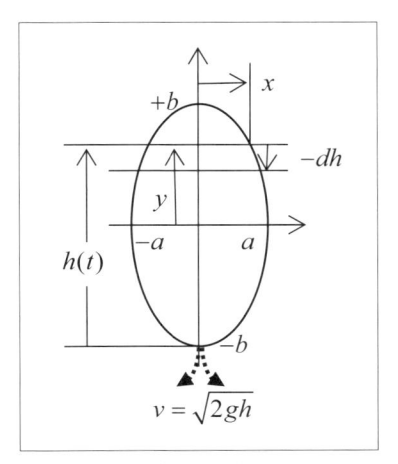

図 H 回転だ円体タンク

$$x^2 = a^2\{1-(y/b)^2\} = a^2\{1-(h/b-1)^2\} = a^2\{2h/b-(h/b)^2\}, \quad dy = dh$$

を行い，水量の等値関係を書き直すと，左右両辺に変数が分離された微分形となる．

$$-\frac{(a/c)^2}{\sqrt{2g}}\left(\frac{2h^{1/2}}{b}-\frac{h^{3/2}}{b^2}\right)dh = dt$$

両辺に積分を作用させ，各変数について積分すると，

$$t = C - \left(\frac{a}{c}\right)^2\sqrt{\frac{2h}{g}}\left\{\frac{2}{3}\frac{h}{b}-\frac{1}{5}\left(\frac{h}{b}\right)^2\right\}$$

となる．ここに，C は積分定数である．流出開始時の水面は $h(t=0)=2b$ であるから，この初期条件で積分定数を決めると，水面高さ $h(t)$ の逆関数が決まる．

$$t = \frac{1}{15}\left(\frac{a}{c}\right)^2\sqrt{\frac{b}{g}}\left\{16-\sqrt{\frac{2h}{b}}\frac{h}{b}\left(10-3\frac{h}{b}\right)\right\}$$

この結果，全量が流出（$h=0$）するまでの時間は

$$T = \frac{16}{15}\left(\frac{a}{c}\right)^2\sqrt{\frac{b}{g}}$$

となる．この式に球形の条件（$R=a=b$）を入れると，式(13.60)に一致する．

問題 [14.1] 温度式(14.18)を式(14.3)に代入し，$x=0$ から $x=\infty$ まで積分すると，半無限棒の側面から流出する熱量が求められる．

$$Q_\text{air} = h(T_1-T_0)(\pi D)\int_{x=0}^{x=\infty}\exp\left(-2\sqrt{\frac{h}{kD}}\cdot x\right)dx dt = \frac{\pi Dh}{2}\sqrt{\frac{kD}{h}}(T_1-T_0)\,dt$$

また温度分布式(14.25)を式(14.3)に代入し，$x=0$ から $x=l$ まで積分すると，有限棒の側面から流出する熱量が求められる．

$$Q_{\text{air}} = \pi Dh(T_1 - T_0) \int_{x=0}^{x=l} \frac{\sinh\{\beta(1-\xi)\}}{\sinh(\beta)} dx dt = \frac{\pi Dh(T_1 - T_0)}{\sinh(\beta)} \int_{\xi=0}^{\xi=1} \sinh\{\beta(1-\xi)\} l d\xi dt$$

$$= \frac{\pi Dhl(T_1 - T_0)}{\sinh(\beta)} \left[-\frac{\cosh\{\beta(1-\xi)\}}{\beta} \right]_{\xi=0}^{\xi=1} dt = \frac{\pi Dhl(T_1 - T_0)}{\beta} \frac{\cosh(\beta)-1}{\sinh(\beta)} dt$$

それぞれは微小時間 dt での流出熱量であるから，単位時間当たりに書き直すと，

半無限棒：$\dfrac{Q_{\text{air}}}{dt} = \dfrac{\pi}{2}\sqrt{kh}(D)^{3/2}(T_1 - T_0)$

有限棒：$\dfrac{Q_{\text{air}}}{dt} = \dfrac{\pi}{2}\sqrt{kh}(D)^{3/2}(T_1 - T_0)\dfrac{\cosh(\beta)-1}{\sinh(\beta)}$

となる．半無限棒と有限棒の側面から流出する単位時間当たりの熱量比がパラメータ β によって変化することになる．図I は，

$$\text{流出熱量比}：\frac{\text{有限棒}}{\text{半無限棒}} = \frac{\cosh(\beta)-1}{\sinh(\beta)}$$

を示したものである．この図から，パラメータ β が 5 以上になると，有限棒の流出熱量が半無限棒のそれとほぼ等しくなることが判明する．これは，いくら長い棒であっても側面から流出する熱量を増加させる効果がないことを意味する．すなわち，熱を逃がすためにはパラメータ β が 5 程度の値になるような長さの棒であればよいということである．

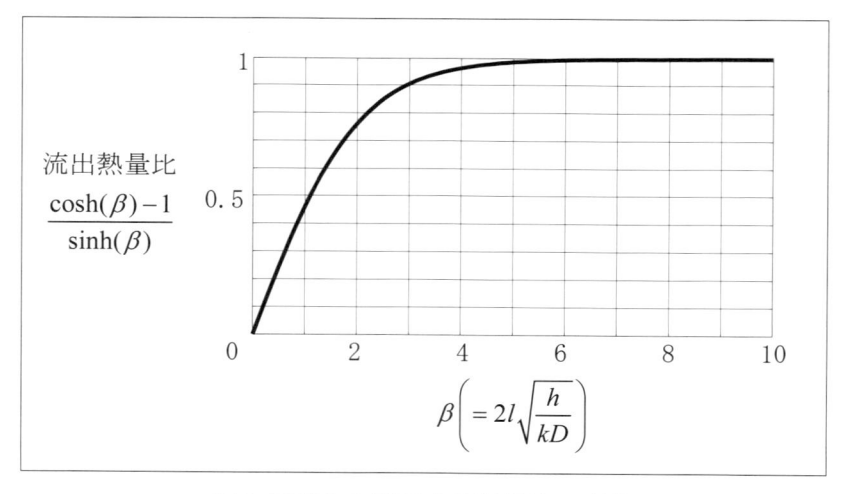

図I 側面から流出する熱量比の変化

索　引

ア 行

イ
　1次元問題 … 131
　移動距離 … 38
　　　最大＿＿ … 103
　一般解 … 18,21,57

ウ
　雨滴 … 33,68
　運動軌跡 … 134
　運動方程式 … 49
　　　回転の＿＿ … 43
　運動量 … 46,47,65,100

エ
　エネルギー … 46,51
　　　位置＿＿ … 46,51,74,86,128,137
　　　運動＿＿ … 46,51,74,86,98,128,137
　エネルギーバランス
　　　　… 52,58,66,72,81,85,87,104,128,134,136
　円運動 … 39,125,129
　円筒タンク … 138

オ
　オイラーの公式 … 3
　往復運動 … 117
　温度分布 … 155

カ 行

カ
　回転運動 … 42,126,129
　下降運動 … 123
　加速度 … 38,40
　　　角＿＿ … 39,129
　滑落 … 120
　ガラス細工鉄棒 … 151

　関数 … 1,38
　慣性の法則 … 41,98
　慣性モーメント … 43,129
　完全静止条件 … 50,121

キ
　球形タンク … 146
　境界条件 … 50,154,161
　強制振動 … 89,94
　共振（共鳴） … 95
　逆円錐タンク … 143
　逆関数 … 145

ク
　空気抵抗（力） … 44,68,74,109

ケ
　係数変化法 … 24,36
　減衰係数 … 23
　減衰振動 … 23,113

コ
　勾配 … 40,41
　　　温度＿＿ … 41,44
　　　濃度＿＿ … 41
　固有振動 … 87,94
　固有振動数 … 87,113,127
　固有値 … 18,21,87

サ 行

サ
　最高高度 … 133,136
　斉次解 … 15,29,30,69,83
　最大到達距離 … 136

シ
　重根 … 23
　仕事量 … 46,73,124

自然状態 … 82
斜面 … 120
初期条件
　　… 50,57,70,84,98,108,127,133,140
初（期）速度 … 52,53,57,87,97,127,128
周加速度 … 40
周速度 … 40
終末（終端）速度 … 71,78
順関数 … 145
上昇運動 … 56,122
自由振動 … 82,107,108
自由落下 … 50
人口増加率 … 41
振動 … 82,85
振動数 … 85
　角̲̲̲ … 85
振幅 … 85,95

ス
推進力 … 59,98
水平運動 … 97
水平振動 … 107,109
水平到達距離 … 133

セ
積分定数 … 16
積分方程式 … 15

ソ
損失エネルギー … 73,74,80,81,113
双曲線関数 … 5,156
速度 … 38,40
　角̲̲̲ … 39

タ 行

タ
単振動 … 85,108,126
単純積分 … 16,132,145

チ
張力 … 55,158,161

テ
テーラー展開 … 8
抵抗係数 … 44

ト
トリチェリーの原理 … 45,138,139
ド・モアブルの公式 … 3
特解 … 29,30,36,69,90
特性方程式 … 18,21
同次元型 … 27

ナ 行

ニ
ニュートンの運動則 … 41

ネ
熱伝達係数 … 152
熱伝導 … 44,151
熱伝導率 … 44,152
熱量 … 151

ハ 行

ハ
バネ定数 … 44
半無限棒 … 154

ヒ
非線形 … 118,126
非線形振動 … 118
微係数 … 40,41
微積分方程式 … 15
微分方程式 … 14
　1階̲̲̲ … 17
　2階̲̲̲ … 21
　斉次（の）̲̲̲ … 15,34,69,89
　非斉次（の）̲̲̲
　　　… 15,29,31,33,34,69,89
　定数係数（の）̲̲̲ … 15,17,21
　変数係数（の）̲̲̲ … 15,18,27
　単振動の̲̲̲ … 25
　非線形（の）̲̲̲ … 75,139

フ
フックの法則 … 44
フーリエの法則 … 44,151,152
フーリエ級数 … 6,8,12
　複素̲̲̲ … 10
振り子の運動 … 125

振れ角 … 126

ヘ
ベルト … 158
べき級数 … 6
変位 … 38

ホ
放射 … 122,132,135,151
放物運動 … 134
放物線 … 134

マ 行

マ
摩擦係数 … 45,101,162
　　静（止）＿＿ … 45,158
　　動＿＿ … 45,101
摩擦抵抗（力） … 44,101,117,120,159

ミ
未知関数 … 14
未定係数 … 16,50
未知数 … 14

ム
無次元化 … 62,72,79,92,103,111

モ
モーメント … 43,129

ヤ 行

ユ
有限棒 … 155
揺れ … 126

ヨ
揺動運動 … 125,129

ラ 行

ラ
落下運動 … 48,52,68
落下距離 … 49,71,72
落下速度 … 70,71,79

リ
力積 … 46,47,65,100,101
流出速度 … 45,138,139,147

レ
連続（の）条件 … 61,99

ロ
ロープ … 158

おわりに

　本書で取り上げた例題の多くは筆者（渡辺）が高校生の頃，社宅の３畳間に小さな火鉢を机の下に置いて足を暖めながら計算した問題である．上手く解けたときには，家族が寝ているにもかかわらず口笛を吹いたり，感嘆の独り言を発したことを思い出す．

　元来，力学（物理）や数学は公式を暗記する勉強分野ではない．先人の知恵を学び取っていくことが学ぶ目的である．試験の点数をよくしようと考えて，公式を暗記するのは学ぶことでも，勉強することでもない．かえって，将来は具体的な応用に使えない単なる記憶でしかなくなる．特に，数学や物理系の勉強は自分自身で理論や公式を構築するようになることが本来の目的である．本書で取り上げた例題の結論的な事項を公式として記憶しようと思えば，頭の中が記憶する公式で満杯になってしまう．しかも，公式は記憶した形でなければ使うことができないので，公式に当てはめる方法まで記憶するのでは，気の遠くなるほどの記憶容量が必要になる．

　数学や物理（力学）を学ぶにはまったく記憶するようなことはない．受験勉強が本来の学びの方法や姿勢を捨てさせてしまったのである．力学の本質はニュートンの法則にあり，この法則をどのように適用するか，また法則を適用するためにどのような準備を行うのか，これを理解すれば一切の力学問題は解決できる．力学問題を具体的に解決していく手段として数学，特に微積分が利用される．したがって，公式を覚える必要はないが，公式を自らつくり出すためには記号化された文字式の計算スピードと確実性が必要不可欠である．このために，多くの演習例題を解きながらスピードと正確さを訓練しなくてはならない．このような訓練の中で，自らも問題をつくり解いていくことで，「なるほど，こうなるのか」という喜びのような実感が湧いてくる．これが勉強である．

　本書では，中学で習った１次関数，２次関数の数学知識がフルに活用されている．数学や物理は小・中・高で習った知識や方法はすべて利用されるし，利用しなければ何もできないのである．受験勉強では試験範囲というものがあり，限定された範囲での試験となるが，学ぶことには何の制限も制約もないのである．しかも学ぶには，最も簡単に，最も速く正しい解答にたどりつけさえすれば，どんな方法を用いてもかまわない．すなわち，頭の中の知識を全開してフル活用することが勉強である．

　数学なのに物理であり，数学なのに人口の社会問題であり，数学なのに経済発展の問題であることは何も不思議ではない．「数学」という道具や手段はいかなる分野にも使え

る．本書では，「微分方程式」という数学分野の力学への応用を解説しているが，他の分野にも様々な数学が準備され，応用されている．いかなる分野の勉強をしようとも，数学という道具は何時でも，即座に使えるように頭の引き出しを全開にしておかなくてはいけない．簡単にいうと，高校までは原理・原則の学習であり，大学での工学教育というものは高校までに習った原理・原則を適用して様々な現象を調べ上げ，技術開発に必要な知識や情報を得ることである．現象を調べ上げる第一段階が数学技術を利用した数理解析である．これをないがしろにすると，後に続く実験は経験則になり，物理的説得力のない非論理的なものになる．

　最後に，本書を学ぶ中から数学的手法で様々な分野の勉強を志す後継の世代が出現することを希望したい．

渡辺一実

著者略歴

渡辺 一実（わたなべ かずみ）
山口県下関市彦島出身 1947年生
大阪工業大学 卒業，東北大学大学院 修了（工学博士）
山形大学 名誉教授

上田 整（うえだ せい）
静岡県清水市（現 静岡市清水区）出身 1958年生
東北大学 卒業，東北大学大学院 修了（博士（工学））
大阪工業大学 教授（工学部）

JCOPY <（社）出版者著作権管理機構 委託出版物>

2015
初歩の
微分方程式と力学

2009年10月4日　第1版第1刷発行
2015年4月10日(訂正)　第1版第2刷発行

著者との申し合せにより検印省略

ⓒ著作権所有

定価(本体2800円+税)

著作代表者　渡辺 一実

発 行 者　株式会社　養賢堂
　　　　　代表者　及川清

印 刷 者　新日本印刷株式会社
　　　　　責任者　渡部明浩

発行所　〒113-0033　東京都文京区本郷5丁目30番15号
株式会社養賢堂
TEL 東京(03)3814-0911　振替00120
FAX 東京(03)3812-2615　7-25700
URL http://www.yokendo.co.jp/

ISBN978-4-8425-0458-2　C3053

PRINTED IN JAPAN　　製本所　株式会社三水舎

本書の無断複写は著作権法上での例外を除き禁じられています。
複写される場合は、そのつど事前に、（社）出版者著作権管理機構
（電話 03-3513-6969、FAX 03-3513-6979、e-mail:info@jcopy.or.jp)
の許諾を得てください。